# 掌控
## 人生关键点

# THE DECISION MAKEOVER


[美] 迈克 · 惠特克（Mike Whitaker）——著

杨献军——译



科学技术文献出版社
SCIENTIFIC AND TECHNICAL DOCUMENTATION PRESS
·北 京·

## 图书在版编目（CIP）数据

掌控人生关键点 /（美）迈克·惠特克（Mike Whitaker）著；杨献军译．— 北京：科学技术文献出版社，2021.3

书名原文：The Decision Makeover

ISBN 978-7-5189-6148-1

Ⅰ．①掌… Ⅱ．①迈… ②杨… Ⅲ．①成功心理—通俗读物 Ⅳ．① B848.4-49

中国版本图书馆 CIP 数据核字 (2020) 第 264541 号

**著作权合同登记号　图字：01-2019-6134**

The Decision Makeover : An Intentional Approach to Living the Life You Want

Published by Greenleaf Book Group LLC
Simplified Chinese rights arranged through CA-LINK International LLC (www.ca-link.com)


## 掌控人生关键点

策划编辑：王黛君　李佳铌　责任编辑：吕海茹　责任校对：张吲哚　责任出版：张志平

| | |
|---|---|
| 出 版 者 | 科学技术文献出版社 |
| 地　　址 | 北京市复兴路 15 号　邮编　100038 |
| 编 务 部 | (010) 58882938, 58882087（传真） |
| 发 行 部 | (010) 58882868, 58882870（传真） |
| 邮 购 部 | (010) 58882873 |
| 官方网址 | www.stdp.com.cn |
| 发 行 者 | 科学技术文献出版社发行　全国各地新华书店经销 |
| 印 刷 者 | 天津旭丰源印刷有限公司 |
| 版　　次 | 2021 年 3 月第 1 版　2021 年 3 月第 1 次印刷 |
| 开　　本 | 880 × 1230　1/32 |
| 字　　数 | 145 千 |
| 印　　张 | 8 |
| 书　　号 | ISBN 978-7-5189-6148-1 |
| 定　　价 | 45.00 元 |

# 赞　誉

迈克·惠特克将带着你循序渐进地深入了解你做出的各种选择，以及它们对你的生活所产生的影响。通过确定你的目标，并将你的选择同目标联系起来，他会帮助你实现自己的各种心愿，无论是在你的职业上、人际关系上，还是在你的个人幸福上均无例外。凡是希望心明眼亮、取得长期成功的人士，都应该阅读这本方便实用的人生指南读物。

——劳里·萨德布林克（Laurie Sudbrink）

无限教练解决方案（Unlimited Coaching Solutions）公司总裁，

《领导勇气》（*Leading with Grit*）作者

迈克·惠特克的建议切合实际，颇有启发性，表明你做出的每个选择确实都是前进道路上的岔路口。根本没有通向成功的笔直路线，但是你做出的有效选择越多，实现目标的速度也就越快。这是一本你可以反复参考阅读的实用专著。

——艾伦 C. 福克斯（Alan C. Fox）

《人际沟通工具》（*People Tools*）作者

我在研究与工作实际中发现了人们做出的选择会对结果产生怎样的影响。迈克·惠特克采用的直截了当的阐述方式，有助于鼓励人们对于自己做出的选择更加审慎用心。在此我极力推荐《掌控人生关键点》这本书，它很适合希望通过采纳切实建议让人生境遇变得更好的读者潜心阅读。

——茱莉亚·唐·彼得斯（Julia Tang Peters）

《轴心点与高管教练》（*Pivot Points and Executive Coach*）作者

# 序

我们大多数人读过多少本自助书籍呢？很多本！眼前的这本《掌控人生关键点》独具特色，脱颖而出，清晰地阐述了每个自助策略中的关键基本要素：如何为自己做出最佳选择。作者迈克·惠特克将智慧、才智与成熟的方法融为一体，对各种最佳个人选择进行了分类甄选。他在本书中开门见山，幽默风趣，讲解透彻，帮助我们毫不费力地见识了各种原本可能会令人困惑不解的个人选择。他首先设法引导读者重点关注自身的生活，以取得个人成功；然后再明确认识各种容易导致失误的倾向。《掌控人生关键点》引导读者反思过去的行动（积极的与消极的）所产生的影响，以便今后的行动可以得到理性的指引，从而取得更大的个人成功。这本书以未来结果为中心展开思考，坚定决心，实施行动，善意的提醒同时也毫不动摇地引导读者稳步开展选择过程，这样使人清楚地认识到专注于个人的首要目标，使其他选择均以实现这个目标为中心是开创更好生活局面的必要前提。

《掌控人生关键点》并非是各种行为准则的饶舌赘述之作，尽管读者也可以清楚地从中看到各种举措以及具体实施方法。本书作者运用了许多来自他个人的成功职场生涯、婚姻与家庭生活，以及青少年个人选择等方面的生动实例，重点关注有效成长过程，同时也面对选择失误的缺点，为增强个人潜能与信心指明道路。这些生动有力的实例极大地增强了本书叙述内容的冲击效果，使读者能够满怀热情地继续阅读，了解下一个举措是什么。本书作者的真知灼见常常融汇于繁复的阐述当中，读者可以直接运用这些繁复的阐述，或者将其用作生动隐喻，从而得出自己的独立见解，深入理解那些可有效指导首要选择与辅助性选择的各种原则。贯穿在书中的小测试，挑战与反思性的问题，有助于读者运用积极学习的原则，指导建立并维护一套健全的常备行为模式。

我们的文化使我们有许多机会做出一些可以改变人生的选择，但是这些选择虽然可以让我们立即得到暂时的满足，却只能产生短期效应，使我们最终走入死胡同。《掌控人生关键点》是一个很有价值的生活帮手，有助于我们将有益的选择同一些不太有益的选择区分开来，最终获得长期的成功。我们可以立即开始摒弃不良习惯，学会如何在近期的选择过程中择优而定，这是开创更加美好人生新局面的重要基础。我们越是勤于将《掌控人生关键点》阐述的选择过程付诸实施，就越能够成为高效选择者。这确实是一本开卷有益，值得阅读的好书。

——小威廉 F. 魏泽尔博士（William F.Weitzel Jr. PhD）
俄克拉荷马大学名誉教授，著有《组织行为与变革管理》
（*Organizational Behavior and Change Management*）

# 前　言

事实真相：你的现实生活与理想之间的绝大部分差距都是由你做出的选择造成的。

只有一小部分差距可以归咎于机遇或运气。

欢迎你！无论年龄有多大，我们总可以在今天做出更好的选择。你已经拿起了本书，仅此一点就很能说明问题。你经常反省自己，求知欲强，希望过上最美满的生活。这定是一个生趣盎然的人生历程。读完以下内容，你就会提高自己的处事谋生能力。我们在外面的世界做出更多选择之前，首先需要了解一些有关选择的基本概念；然后将这些基本概念运用到自己的生活中去。一旦你怀着这些想法去看世界，你就会拥有别人不具备的优势。你准备好了吗?

我是一名经验丰富的企业家兼创业导师。我创办过多家企业，每年至少在三家企业投资并担任顾问。你可以在 mikewhitaker.com 找到我，在 ideagateway.com 了解到我担任的顾问业务情况。

我拥有心理学学士学位与工商管理硕士学位。我已结婚，有三个孩子：一个孩子上大学，一个读高中，另一个读初中。我喜欢优化商务效率，提升人的境界。为何一个企业会成功或失败？这个问题比起接下来这个你我面临的相同问题来说并不难回答：为何有人会获得成功？

20 年来我一直在思考这本书中涉及的问题，集中归纳一些似乎可以决定一个人生活成败的重要因素。我对这个问题很感兴趣，因为我们的社会常常被一些有关非典型或不寻常的名人与企业家们的头条新闻报道扰乱了心神，无法看到适用于广大民众的基本成功模式。我在剔除那些我们无法影响的运气与各种因素后发现，成功人士往往谨慎地对待选择过程，头脑清醒地通过评估来做出选择。这是一个谨慎的过程，而不是随意拍板了事；更多地体现为积极把控，而不是成为牺牲品。在同运气无关的情况下，我发现这一积极的过程很少有例外。于是，我便开始在本书中描述一种不仅在当今，而且在百年后仍然奏效的崭新的选择语言与选择方法。我之所以要撰写本书，原因是我们都在努力奋进，要在人生当中取得更多成就，并且从奋斗过程中感受到更大快乐。有时我们离开创人生新局面只差一套行之有效的方法，我衷心希望本书能够帮助你开创人生新局面。

你应该制订一个针对本书内容的个人计划；也应该期待着在阅读本书各章节内容、完成书中各项练习的过程中，使自己的思想认识发生变化。你会对自己的过去持批评态度。这也合乎常情。

真正重要的是你心里觉得自己的本领见长，更要施展这些本领提升自己的人生境界！

## 谁会阅读本书

不同年龄、类型与背景的读者都会认真阅读本书。数年来我一直在研究这些概念，总会收到一些读者群体常见的反馈意见。下面我要逐一介绍他们的情况，你会感到自己并不孤独！本书就是为这些读者群体量身撰写的。

**第一读者群体：年轻超脱，处于人生准备阶段**

这些年轻读者通常是高中生与大学生。他们生活经验不足，但是可以及早了解早期选择的重要性，了解一些重要的选择会怎样产生出乎意料的结果，或者使他们的梦想成真！具备选择意识，重视有效选择，可以永远改变年轻人的人生轨迹。这个读者群体面临的挑战就是专注。这好比离开应用软件，手机就不能正常发挥作用一样。

这个读者群体需要阅读本书，因为生活还没有变得严峻。他们不了解自己的知识缺陷。提高认识后，他们最能够自主把控自己的人生轨迹。本书可以起到良好的警示作用，唤醒他们在人生充电准备阶段的潜能，使重要选择为他们带来有益结果。

**第二读者群：20 多岁，处于人生探索阶段**

这个读者群体处于人生最重要选择的高强度选择区段。包括婚姻、孩子、教育、早期职业等方面的选择结合在一起，对他们的未来产生很大影响。他们能够感觉到生活选择的分量，但却认为许多事情永远要先想清楚才行。

这些读者需要阅读本书，因为人生的准备阶段已经结束，真正的竞赛已经开始。他们的同龄人正在同他们展开竞争，力争取得最佳成就。这就好比长跑比赛刚开始时，运动员们纷纷争抢最佳跑位。最佳工作岗位、最佳伴侣，以及早期出现的最佳机遇全都具有重要意义。本书将会减轻年轻人对于当下重要性的忽略程度，在最重要的时刻优雅地停下脚步，有效运用本书中阐述的各种重要选择策略。

**第三读者群体：处于职业中期，质疑一切**

这是 33 岁至 55 岁的紧张时间段，因为早期做出的选择正在对我们产生具体影响，而且许多结果并不是我们梦寐以求的。“那一天”已经到来，我们难辞其咎，深感不安。我们质疑自己的职业，质疑自己的伴侣、自己的判断与自己的潜能……我们质疑一切！为什么呢？因为我们已经做出了很多错误选择，明显影响到在进取中得到满足的信心。

这些读者需要阅读本书，因为生活从未变得如此复杂。在混乱不堪的情势下，我们要提出一些更加明智的问题，询问我们为何做着当前正在做的事情，那会如何转变成我们期望得到的结果。本书可为这些读者提供看待过去的参照框架，帮助他们调整当下状态，确保他们今后获得自己想要的结果。

### 第四读者群体：经历过危机，需要做重大调整

无论年龄多大，我们都会遇到使人胆战心惊的人生经历，好似翻身落马，需要重新站立起来。我们厌倦了往日相同的艰难困苦，需要经历一些新的变化。生死、离婚、疾病、失业、身份危机和钱财等问题，都会使人生境况发生突变，务必极为谨慎才是。这一读者群体正在寻求更好的人生出路，积极倾听有益的建议。我收到的最多反馈意见来自这个读者群体，因为当他们得知自己可以从头做起，在继续进取中寻求更好的人生出路时，感到非常宽慰。本书有助于这些读者“盘点”自己的实力，认清人生中的“下一个目标”是什么。

对于以上各个读者群体而言，有利的一面是：提升自己的选择能力，完成本书中的各项练习可以改变自己的人生境况。人们在写给我的信中就是这样说的。如果你有言行冷漠，处于心理过渡时期的子女，你可以“**把马牵到河边，并使之思索问题**”。

## 家长：本书对你们的青少年子女也有用

我们都希望自己的子女再过几年就由一个学生成长为掌控自己人生的首席执行官。一位首席执行官要做出许多选择！为使你的子女成为掌控自己未来的优秀首席执行官，他们现在需要接受哪些训练呢？如果认为子女们会很快不再由家长替自己做出选择，而是在生活中独立起来，自己做主，这样想未免不合情理。我们的子女需要指导。

在通过本书测试的那些有青少年子女的家长中，许多家长都表达出下面两种想法。

一种想法是："我的孩子需要阅读这本书，这样他们就不会把事情搞糟了。"表达出这样想法的家长希望能够防患于未然，使自己的子女进一步认识到潜在的各种隐患，最大限度地提高他们的潜能。只要掌握本书中的基本概念，就会使任何青少年拥有胜过同龄人的优势。

另一种想法是："我的孩子需要阅读这本书，因为他 / 她已经把事情搞糟了。"表达出这样想法的家长采取的是补救措施，他们对于子女的选择已经感到不满。他们的子女辜负了家长的期望。本书中的有些内容可以成为家长与子女间对话的好话题。本书没有指责谁，也没有下判断，而是支持一个始终不变的目标：让自己过上理想的生活，无论你何时开始从头做起。家长可以利用这一立场同子女们分享那些对我们有益的各种概念。

## 写给家长们和下一代的话

出生于"X时代"（20世纪60年代至70年代）与"Y时代"（20世纪80年代至90年代）的家长们，往往都是一些"直升机式的家长"。换句话说，这些家长一直盘旋凌驾在子女们的头上，公开介入子女们的选择过程，力争为子女们寻求一个美好的世界。这样的家长很难忍心让自己的子女"碰破膝盖上的肉皮"或者"下一番苦功学习"。虽然这对子女的早期某些方面非常有利，但是我们迫切获得成功（通过子女）的愿望却产生了一个问题。

如果你是“00后”或“10后”的孩子，成熟得就比较慢。高中毕业后，你们当中有35%的人同父母生活在一起。你们的父母竭尽全力不让你们遭受失败，你们拥有超过史上任何一代人的最大安全网。这些事实影响着你们的长期人生规划。事实上，你们这一代人正在推迟非常重要的人生选择。你们处事灵活，也可能比你们忍受的陈旧教育体系精明一些。在一个有利于短浅看问题的浮躁社会里，你们更有可能“边走边想”。你们这一代人为人更好，更善于合作，不那么贪婪，但却缺乏一些重要品质。你们不知道如何独立地制订成功计划，并通过一系列选择实现自己的理想。

我们作为家长应该在本书中向你们表述如下看法：那些决定你们的梦想与目标成败的实际选择，正以超出你们或者你们的家长所能平静接受的速度对你产生影响。由于技术发展与全球进步，美国社会到2050年时的失业率将高达50%。只有那些最强大、最善于思考的人才能够成功发达，实现梦想。满意的结果不会凭空落到我们头上，为此我们需要做好充分准备。我们既是生活中的优步（Uber）司机，也是车上的乘客；我们应该知道去往哪里，如何到达目的地。

现在就这样开始行动吧。

# 目　录

CONTENTS

## Chapter 3
## 掌握关键选择＝决定人生方向



## Chapter 4
## 重视选择区域＝指导人生走向

## Chapter 5
## 成为优秀决策者＝展现人生特色



## Chapter 6
## 走出选择误区＝清理人生障碍



## Chapter 7
## 看清选择痛苦＝减少人生遗憾

Chapter 8

## 弥补选择缺陷 = 跨过人生羁绊



Chapter 9

## 选择目标的四大工具 = 获取人生技能



Chapter 10

## 在行动中选择：实现人生突破

## Chapter 11
## 识别错误选择＝改善人生状态



## Chapter 12
## 调整选择过程＝开启人生新局面

## Chapter 13
## 选择改变人生＝享受人生乐趣

# 1
# Chapter

## 抓住每个选择 = 抓住人生机会

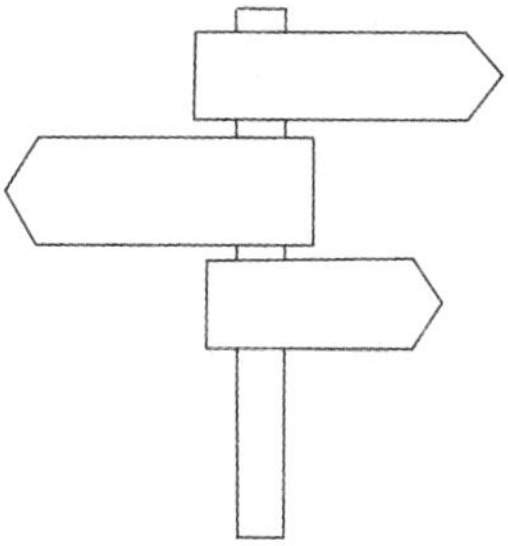

你是否伤心过？你失业过吗？你有错过机会吗？你曾经是否希望自己反其道而行之就好了？你对于自己到目前为止的人生阶段做出过的选择有什么遗憾吗？当然，对于这些问题，我们全都可以大声地高喊一声："是的！"我们做出过的错误选择不止一个。有时生活之所以使我们感到幸运或不幸，原因在于各种结果冷不防地纷纷向我们扑来，我们必须迎头面对。你认识到这些结果是怎么产生的吗？

为何成功更像是我们偶然遇到的好事，而不像是我们努力创造出的成果？大多数人没有认识到这一事实：**机会每天都以选择的形式同我们相遇。**这些选择机会最终可以极大地改变我们的人生境况，但是大多数人并没有准备好如何评价一个可以产生良好结果的选择。在《掌控人生关键点》这本书里，你就是关注的焦点。难道你的未来不值得重点关注吗？当然值得！

今天，你可能正在做出一个重大选择，或者准备做出下一个重大选择。你也许不知如何是好。你平时如何做出重大选择？你有一个良好的流程吗？当我们面对某人或某事的时候，我们应该怎么办呢？因为牵扯到许多问题，所以我们需要满怀信心地深思熟虑。我们可以准备好迎接那些肯定会做出的选择，当机会来临时做到胸有成竹。如此，结果将会对我们有利，而且还可能是最好的结果。

如果一个人没有明确决定去哪里，怎么会到达目的地呢？如果运动员没有决定参赛，又怎能赢得比赛呢？如果没有决定购买彩票，怎么会中奖呢？如果没有人决定打破僵局，传奇故事又怎会开始呢？在生活中，我们都是有意识地、不断地做出各种选择。实际上，我们在生活中的收获大多数取决于我们此前一路上做出的选择。无须做出选择，我们的心脏也在跳动，我们的肺部也充满空气。但是除了这些与生俱来的生理功能外，我们生活中的其他一切方面都离不开我们做出的选择，或者由别人替我们做出的选择。除了我们决定早餐吃什么以外，其他选择更加重要，对我们的生活产生着更多影响。无论是否值得称赞，还是让我们感到遗憾，我们都要做出这样的选择：去（或者不去）什么学校读书，同谁（或者不同谁）结婚，经营（或者不经营）什么生意，从事（或者不从事）什么职业，要生养（或者不生养）多少孩子，在哪里生活，什么会使我们幸福，为了赚钱要做些什么；这些选择以及成千上万个其他选择一同对我们的生活产生着重大影响。

## 激发选择潜力：拥有明确目标

我们人类往往会做出一些错误选择。这些错误选择就像是布满孔眼的水杯一样，在我们的生活中积累起来，阻碍我们朝着真正的目标迈进。想想看，如果我们没有因为错误选择而使自己的未来变得千疮百孔的话，我们会减少多少无谓的努力啊！

在此提出一个更重要、更有价值的问题：你是如何做出选择的？你做出重大选择的方式同做出一般选择的方式是否相同？你是否拥有特定流程？你是否停下来考虑一下结果，还是一贯匆忙地做出选择？大多数人在做选择时很少考虑由此产生的长期结果。错误选择给我们造成痛苦，浪费我们生命中的宝贵时间，使我们遗憾终生。

但是，假如可以看到选择的影响力，而且使选择“量身定制”，很适合你想要的生活境遇，那会怎样呢？假如可以利用每一个选择（无论好与坏）作为奔向你所向往的未来新局面的动力，那会怎样呢？假如你可以将坏的选择变成好的选择，那会怎样呢？假如你对于自己的生活有很强的掌控意识，并且利用有效选择实现自己的目标，那又会是怎样一番情形呢？只要从今天开始你决意想让选择改变人生，所有这些事情均可实现。我们拥有的潜力超过自己的想象。

为何选择那么重要呢？以开车为例，“如果我向左转或者向右转，有谁会在意呢？”答案是：在你确定目的地之前，没有人会在意。突然间，心里有了明确目的地之后，往左转会使你远离目的地，往右转则会使你驶向目的地。因此，**要使选择变得重要起来，我们的心中必须拥有明确目标。**

我一直思考着人生重要的三件事。对于我来说，这三件重要的事是：在哪里起步，目前在哪里，今后向何处去。

——吉姆·瓦尔瓦诺（Jim Valvano），

演讲词《永不放弃》（*Never Give Up*）

人们经常表达出这样一个愿望：“我要成为人生赢家。”我认为，个人成功是铭记于心的一个好目标。这个目标催人奋进，也会逐渐发生变化，它应该成为你对成功的独特诠释。每当我向那些同我有交往的人提出这样一个问题：“在生命快要结束时，回顾以往的那些岁月。假如你认为自己的一生是成功的话，你会怎样给成功下个定义？”他们的回答可能使你感到吃惊：

我从前认为成功就是人生历程积累的数量——那些可以在人生中尽可能体现出的各种经历的数量。但是现在我认识到，成功就是人生历程的质量。

如果我的一生为上帝增添荣耀，对世界产生积极影响，为我的配偶与子女追求自己的成功奠定了基础，那么我的一生就是成功的。

如果我在扮演的各种角色中都尽了最大努力，比如儿子、父亲、维持家庭生计者、爱人、教师、学生、伙伴、领导者、下属等角色，那么我就是成功的。

成功不是我生命中的静止终点。成功让人难以琢磨之处在于每天都激励我比前一天做得更好。因此在生命到了真正终点时，我希望自己可以说对上帝效忠，为家人以及我遇到的任何一个人尽心服务，是我追求卓越的真正动力。

我起过重要作用。我是一个真诚的人。我获得了爱与幸福。

随着时间的流逝，过去的成功重要性似乎在逐渐减小；因此对我来说，成功是一种未来的追求。当我回顾一生时，我希望自己是一个有尊严的人，同时也讲究礼节，有耐力、有耐心，能够承受失望与悲伤，但是不妨碍别人，愿意并且能够同别人明智地分享我所具备的任何知识。

因此，我认为提高选择水平可使人们获得成功，无论人们愿意怎样给成功下定义。

让我们花点时间想象一下未来你在对自己的生活进行评价的沉思时刻。当你回顾往事的时候，你会很容易将一个选择视为你曾经做出的最重要选择，无论结果好与坏。但是，也有一些选择你认为对于自己走过的人生道路具有重要意义。它们是怎样的选择呢？你希望自己能够把控那段人生经历吗？事实上你完全可以做到！电影导演在拍摄电影之前，便已经知道故事情节应该是怎样的。你就是自己的人生导演。开始拍摄吧！在生活带给我们的所有机遇与障碍面前，我们可以学会以极大的信心做出最佳选择。这会让我们在大幅度提升自己的成功故事境界时有极好的感觉。这就是我们的机遇。从阅读本书开始，直到读完为止，我们自己便会发生一些变化，这难道不使人感到振奋吗？

## 人生需要选择：抓住命运破发点

我们做出选择，是因为我们必须这样做。人生需要做出各种选择。我们走的路越多，我们必须考虑的转弯之处也越多。对于大多数人而言，这并不难。然而对于有些人而言，做出重大选择是令人焦虑的精神负担。但是每个人必须回答“是”或“不是”，选择向左或向右，决定离开或留下来，选择他或她，选择香草或巧克力。我们做出的选择数量很多，甚至我们注意不到自己是在权衡斟酌着什么。在我们的人生历程中，**选择相当于破发点**[1]**，无论有多么微不足道，都决定着下一个时段或者今后 20 年的走势。**一旦事情确定下来，便不可能再做出其他选择，这样的机会当下或永远地消失了。不做选择也不容易，因为我们总要努力去获得自己想要的结果。生活中总要做出各种选择，因为我们自己有需要，其他人也要求我们采取行动。每个选择都是生活中迈出的一步。我们的选择就是向前、向后或者向侧面迈出的步伐。

问问别人：“你怎样做选择？”然后观察他们的表情。这是一个奇怪的问题，但是不应该使人感到奇怪。这是我们人类在醒着的时候，每隔 5 分钟就会做一次的事情。人们的回答应该几乎

1. 破发点：在网球比赛的对手发球局中，如果再得一分就可以取得胜利。

同回应这样的问题一样容易："你早晨怎样起床？"

然而对于我们提出的选择问题，人们的回答并不理想。有些人耸耸肩膀说："我不知道。我只是思考一下。"还有人说："我觉得怎么对就怎么做。"对于"你怎样做选择"这个问题，我们希望得到的真诚回答是这样的："我采用反复尝试的方法做选择……尽量不再犯同样的错误。"在开车时如果我转错了弯道，我决心只错这一次，下一次我会记住避免再犯同样的错误。这样看来，反复尝试的方法是有效的，对吗？其实不对。

反复尝试这一最常用的选择方法绝对不会使人们成为人生赢家，因为当最好的选择是哪个方案都不选时，我们每次却至少选择了一个方案。也许没有一个选择方式可以成为我们的最佳成功方案。

反复尝试的方法之所以不奏效，是因为我们只记得为何错误对我们不利。难道我们获得成功的原因是尝试过所有的错误，直到我们排除所有错误，才能最终找到唯一正确的方法吗？我认识的一些成年人确实运用这种方法寻找自己的配偶，结果是一塌糊涂。反复尝试的方法并没有重点关注为何每种选择都在大局观上合乎情理。问题应该是：这一选择是否最能够支持我对于成功内涵的理解？

现在我们正在准备深入探讨这个选择主题，所以我们要通过考察你至今为止积累的生活经历，测试一下你的选择能力。

## 训练选择思维：认清真正的选择

当我沿着平时的路线开车去上班时，我喜欢喝咖啡，听音乐，转过平时那些弯道后就来到了我上班的地方，把车停下来。我开车通过这条路时用不着做任何选择。然而，当我第一次开车通过这条路时，我在行程中不停地做着各种选择。走哪条路线？在这里转弯？左车道？现在汇入车流？精神状态对于发觉我们正在处理一个选择很重要。我们在做选择时，如果闪烁的红灯和十字路口的障碍物会减少出现在我们面前（就像我的路线上火车经过时那样），那就太好了。通常情况下，我们会遇到一个小问题，可是不知不觉，我们就在处理一个重要选择。意识到我们正面临着各种选择（真正的选择）是非常必要的。如果我们意识不到，就不能做出适当的反应。

例 1：一个同事请你出去吃午餐。

此时面临的选择是："吃午餐？去还是不去？"

然而，更重要的选择却出现在一连串的问题当中："这是一次约会吗？""他的情况如何？""哈哈，我的情况如何？""这会影响我们的工作关系吗？""我觉得他有吸引力吗？""我应该穿什么呢？"等等。

更重要的选择是："我要公开约会吗？公开还是不公开？"如果是的话，"他值得我花费时间和精力吗？是还是不是？"

例 2：朋友邀请你参加聚会活动。

此时面临的选择是："你想参加吗？去还是不去？"

我们常常厌倦在不合适的人身上浪费时间。最重要的问题是：为何你要去参加这个聚会活动？这次活动支持的更大目标是什么？

此时面临的更重要的选择是："参加这次活动的人能直接影响我的职业生涯吗？"而且，我们还可以问自己："我是否可以参加一次质量更高的活动，而不参加这次活动？"

例 3：一个房地产经纪人邀请你看一个超出你购买力的房子。此时面临的更重要选择是："你星期六什么时候可以去看房子？下午 2 点还是下午 4 点？"

叮，叮，叮……警铃响了。这不是一次无害的活动。一旦你看到自己买不起的房子，你能买得起的房子就永远不再是好房子了。或者，你会愚蠢地过度花钱购买，在经济上承受压力，但这会招致各种损失。

此时面临的更重要的问题是："购买这套房子是否很合适？"

例 4：一名青少年被提供一支香烟。

此时面临的选择是："我要吸烟吗？是还是不是？"

现在没有一个青少年愿意考虑他们可能会上瘾，以后会花 4 万美元买香烟，然后提前 20 年（平均）死去。

此时面临的更重要的选择是："我抽烟吗？是还是不是？"如果答案是否定的，那么就不吸烟。

例 5：一个学生每天去高级咖啡店买咖啡。滴漏咖啡 2 美元，拿铁咖啡 5 美元。他交替着选择购买这两种咖啡。

今天他面临的选择是："买 2 美元的，还是买 5 美元的咖啡？"

由于大多数学生手头不宽裕，更重要的问题是："这是在 4 年内花费 2500 美元的最佳方式，还是应该将这笔钱花在其他重要的事情上？"

意识到一个选择及其逐渐产生的全部影响是一种本领。就像在训练你的思维去玩游戏"聪明的沃里"（Where's Waldo），目标就是找到最终选择，跺着脚争取别人的认可。

## 谁负责记分

让我看看比赛中宣布“我不想再继续记分”的那个孩子，我会告诉你谁输了。

每个人都在计分。不管你对成功的理解是什么，实际上它是一个狗咬狗的世界：50 个人竞争一个工作岗位，有限的大学职位，有限的收入，新企业的有限投资者，有限的银行提供的有限贷款，有限的高素质单身男女，等等。这个世界充满竞争！做人就是要竞争。每个人都想成为赢家。有些人比其他人更努力，有些人很幸运，但是失败者肯定比赢家多。这是投注赔率，你占得先机就赢了。**赢家们拥有最高明的选择本领**。

除了给终生成功下定义以外，还有一个大问题：你想从生活中得到什么？你越年轻，就越难回答这个问题。不妨出于私心问一下自己：“是的，我想要什么呢？什么对我很重要呢？”

你是否意识到，你是这个星球上唯一代表你思考这些答案的人？没错！只有你这样做。所以，给自己计点分数不是很重要吗？

**我所取得的成就**

**— 我想得到的东西**

---

**我的分数**

这个简单的减法会使你暂时停下来吗？这是一个不易理解的概念。

振作起来吧。我们做着梦，我们制订计划，我们也观察其他人，这些愿景创造出我们想要的理想局面。当我们取得进步时，我们是很好的梦想家，不是很好的会计。当我们的梦想大于自己的成就时，我们会得到一个负分，这在以后的生活中承认起来是很痛苦的。让这个减法问题看起来比较顺眼的最简单的方法就是降低你的期望值。这不是你应该做的，但是人们在做出错误选择时肯定要这样做。

为了使本书能够帮助你，我们一般把人生的成功定义为可以对自己说：

我过着充实的生活，以我想要被挑战的方式挑战我自己。从我开始生活的地方，我取得了自己想要取得的成绩；我看到了自己希望看到的结果；我不介意自己没有经历过的事情；我帮助了我想帮助的人。我对自己在这一生中所做的选择普遍感到满意。

——你的名字

如果你能对自己说出以上话语，你会感到满足吗？

# 事实无法撤销：重视人生岔路口

撤销重做，这是我希望自己可以一直利用的手段。我向左走去，后来发现我应该向右走，一个简单的“撤销”可以省去我很多时间，也不必再感到沮丧。在电影中的科幻情节里，我们幻想着能够回到过去，哪怕是几秒钟，并做出不同的选择。终极时间机器可以使我们纠正错误，走一条没有选择过的道路，利用后见之明改善结果。然而，在现实生活中，我们无法撤销既成事实。一旦有人受伤，他们就已经受伤了。一旦我们说“我愿意”，我们便无法逃脱。当我们选择了 A，也就拒绝了 B 到 Z。没有撤销结果，我们只剩下一声“对不起”。我们可以为错误的选择向其他人和我们自己道歉，但是我们永远不会将用过的时间或资源收回来。**失去时间，我们就失去了在这一生中实现人生理想的能力。**

## 人生道路上的岔路口

如果你来到了岔路口，就走下去吧。

——尤基·贝拉（Yogi Berra）

岔路口是你在前面的道路上发现的一种选择。大多数人把每个岔路口都视为一个独立事件，他们可以选择往左边或者往右边走。我不认为通向成功的岔路口是我们人生中的独立现象。相反，我认为成功的动力来自一些相互依赖的选择，而这些选择最终证明都是正确的选择。这关系到做出一系列重大选择。一个有效选择有可能开启下一个有效选择，等等。

还记得比赛节目《价格合理》（*The Price Is Right*）上的普林科（Plinko）游戏吗？这个游戏的输赢取决于你抛下的代币同木桩（选择）相撞后，是随机向左还是向右落下。大多数人一生都在抛下他们的“代币”，希望它落在正确的地方。或者说，他们就像普林科游戏中的代币一样闯荡人生，碰到每个木桩后被弹起，然后力争落在左边或右边，但是却没有掌控能力。我们可以比这些人做得更好！

## 岔路口加在一起

所以，当我们在生活中考虑自己的选择时，它们会一个接一个出现。对于我，对于你，对于任何人，我们都可以数出生活中有几十个独特选择将我们推向成功或失败。这取决于我们的目标与选择。每一个选择都会影响到随后一系列可能出现的岔路口。如果我们偏离成功之路太远，就永远无法获得成功（参见如下示意图）。实际上我们得出这样的结论：早期做出的选择对于决定最后的成功结果具有更加重要的意义。如果一开始就走错了路，往后你就要走很长的路，而且顶多取得平庸的结果。如果一开始就走对了路，即使以后在岔路口处遇到了麻烦，你仍然可以获得成功。

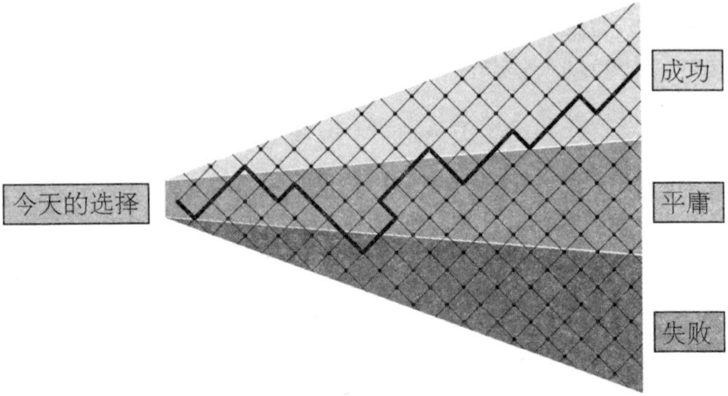


## 岔路口不可避免

拒绝选择的人都没有什么成就。在开车时，试一试拒绝转弯。这样做恐怕行不通。岔路口（选择）每隔几分钟就会出现。再以驾驶为例，我们开得越快，岔路口出现得就越快。赶快做出选择！可以说，你的驾车速度代表着奔向你理想人生境界的速度，而你要前往的目的地的距离则代表你的人生目标。目标越大，所需的距离就越远。更高的期望要求有更高的速度，以走过更长的距离，并做出更多正确的选择。请把这段话再读一遍。良好的选择能力可使你加快速度，取得更快的进步。

我一生中经历的最大痛苦是自己造成的，我会为错误的选择而苦恼："你真愚蠢！"我会感到遗憾："嗯，也许我不笨，但我采用的方法确实有缺陷。"我开始想象自己在人生的每一个阶段离成功都只差 40 个有效选择。还差 40 个岔路口！然后，我需要知道如何在每个岔路口做出最佳选择。

# 个人练习 1
# 优秀决策者或拙劣决策者

## 自我评估

要想在一定程度上理解选择的力量以及它对我们生活产生的重大影响，就需要亲自检验这些概念。如果你知道在生命中的这个阶段自己做选择的能力有多强，可能会有所帮助。在做这个重要练习时，请亲手写下答案。也许要另用一张纸来记录你的想法。

让我们把自己的生活分成几个关键的范畴。你会怎样对以下“大问题”的历史选择进行评估？

1. 金钱：我有钱的时候，我是否本可以更好地管理它，使之现在对我有帮助？（是 / 否）
2. 浪漫关系：我是否在一段不健康的关系上花费了大量时间与精力，或者在人生道路上的某个时段我选错了人，拒绝过合适的人？（是 / 否）
3. 教育：我是否本应该在教育方面获得更高学历，或者钻研不同的领域？（是 / 否）
4. 职业生涯：我今天所做的工作难道不是我曾经为自己设想的那种，而只是谋生手段吗？（是 / 否）
5. 机会：是否有人告诉我“冒一回险”，争取一个令人振奋的挑战自我的机会，我却拒绝这样做，但是

今天却很想这样做？（是 / 否）

6. 健康：如果回顾一下我的健康历史，再照照镜子，我是否冒过风险，或者有过一种不健康的生活方式，影响了我的寿命与生活质量？（是 / 否）
7. 购物：我是否购买了一些当时感觉很好的商品，但事后看来却使我经济上有所退步，或者使我无法购买更有价值的商品？（是 / 否）
8. 友谊：我是否在结果很不如意的友谊上花费过大量的时间与精力？（是 / 否）
9. 法律方面：我是否做过给自己、家庭或者我的公司造成法律纠纷的选择？（是 / 否）
10. 家庭：我是否为重要的家庭成员（父母、兄弟姐妹、子女）做过选择，并对他们的人生产生了负面影响？（是 / 否）
11. 未来愿景：我以前做过的决定是否让我觉得没有准备好迎接自己向往的未来？（是 / 否）

## 评估结果

通过计算对上述 11 个问题做出肯定回答的数量，我们可以大致评估出自己的选择记录。我们年龄越大，越有可能对更多的问题给出肯定回答（吸取教训）。

这项测验练习应该使我们看到，也可以通过关注本书中提到的各种问题，避免在相同的环节上做出错误选择。其目标不是尽善尽美，而是要不断提高自己，避免在前进的道路上给出更多上述类似的肯定回答。

**肯定回答计数**

1 个或更少：你要么是一个出色的选择者，要么你没有斗胆走出家门去挑战外面的世界。你背负的选择负担最小，应该能够确定并实现终身目标。此时你可以确定更大的目标，更快地采取行动。

2~3 个：你在一个领域里是位优秀决策者，但在另一个领域你有一个弱点。例如，我们往往在人事选择上表现优秀或拙劣，或者在处理钱的问题上也是如此，影响到几个关键的选择类别。你很可能会实现自己的目标，但是你的一些选择也可能会耽误你很多年。在进取过程中，如果你想实现个人愿景，每个选择都很重要。

4~5 个：你有可能安顿下来过一种你不一定向往的生活，这要看你的年龄有多大。你会受到选择负担的很大影响，需要做出一些有效选择将你从当前的选择负担中解放出来。在这一点上，你必须放慢脚步，重视做出正确选择的力量。回顾一下你的最高目标，采用新策略规划最新行动方案。

6~7 个：你很有可能被迫接受一种你不想要的生活，并且觉得在改变困境上有些力不从心。你有可能在生活中漫不经心地飘荡，或者在听过太多人的建议后就走错了方向。你可以重新调整自己的努力方向，但是必须准确地评估你面临的情况，清楚自己如何走到这一步，听过哪些人的建议，从今往后必须避免什么。每一天对你和你的选择都很重要。

8个以上：长期以来你是一位拙劣的选择者。你并不想失败，但结果却是如此。用他们的话说：“赶快止血。”你一直在不停地解决问题，而且你在心里可能已经认定，即使你知道自己的人生目标是什么，也永远无法实现。你需要确立一个你能够影响的目标，然后通过每次做出的有效选择，努力回到人生进取状态。每一小时对你和你的选择都很重要。

## 个人练习2
## 我为本书制订的计划

### 如何使用本书

在本书余下的篇幅里，我们要完成以下内容：

### 理解

- 选择的力量
- 我们做出错误选择的原因
- 如何处理错误选择
- 如何处理遗憾心理
- 如何控制选择
- 目标与选择可以相得益彰

### 制订行动计划

- 我们必须做出调整以梳理好过去和现在
- 明确并优先争取我们真正想要的结果
- 如何通过有效选择实现我们想要的生活

### 欣然感到掌控力增强

- 看到自己掌控选择并享受成果

# 2
# Chapter

# 执行稳妥选择 = 避免人生痛苦

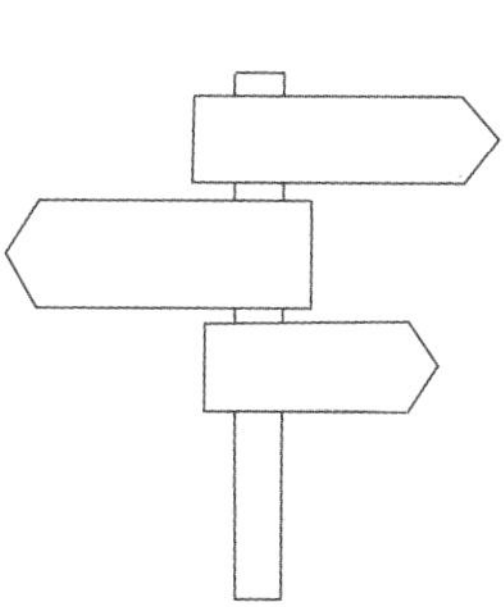

错误的转弯时有发生，我们都会做出错误选择，希望我们能从细微之处开展学习。错误越大，代价也越大，结果是在时间、精力、金钱、健康和机会等方面造成永久性的损失，无法得到弥补。我们也许吸取了教训，但在重大选择中做出错误选择要付出多方面代价。也许最大的代价是我们原本可以做好却没有去做（按照其他选择）。即使我们没有移情别恋，而只和我们所爱的第一个女孩或男孩在一起，我们又怎么能够通过量化手段了解到自己的生活会是什么样呢？人已经走了，我们永远没有机会再次相处。我们怎么会知道接受更多的教育是否能使我们走得更高更远呢？如果我们对那个疯狂的想法说“是”，然后搬到远离家乡的地方，究竟能出现什么情况呢？我们怎么会知道，在我们做出相反选择，耽误了大好时机后，我们还能在自己追求的艺术、运动和梦想上走多远呢？结果，造成的痛苦又因为猜疑自己当初的选择而变得雪上加霜。**我们需要消除所有类型的选择痛苦。**只要对这些选择有信心，我们就会以激动与期盼的心情应对岔路口，更加稳妥地通过岔路口，在人生规划中积极进取。

## 不同程度后果：重视错误选择

先来看一看做出错误选择时会产生什么影响，这些影响会持续多长时间：

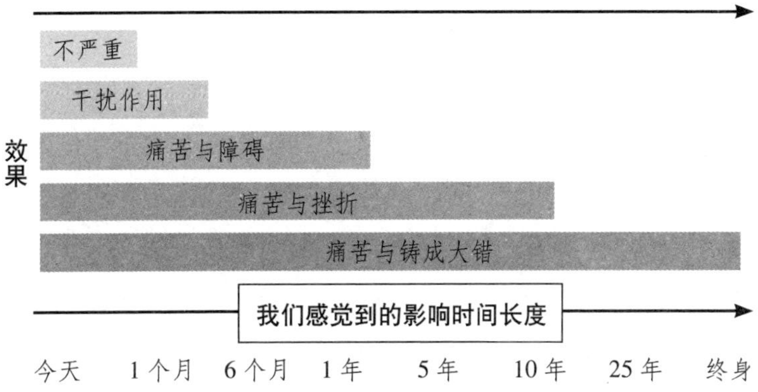


**不严重的影响**：这是我们试验次数最多的方面。由我们做出的选择所产生的这种影响持续时间并不长；代价低，遗憾的可能性也低，由遗憾产生的痛苦也小。有关选择包括今天穿什么衣服，在哪里吃午餐，看什么电视节目，在网上浏览哪些内容，发什么手机短信，等等。我们每天的生活充满着这些选择，即使选择错了，这样的选择也不会单独伤害我们。但是它会反映出你拥有多少朋友。

**产生干扰结果的影响**：这样的选择已经使我们无法再继续做下去，要求我们在方法、时间表与预算等方面进行调整。这类影响类型的关键是：可以低成本进行调整。痛苦与遗憾程度最小，因为我们可以弥补；失去的时间不多。有关选择涉及与特定人士约会的早期阶段，轻微冒犯我们关心的人，错过工作，忘记约会，在晚餐或购物时花费过多，未能与对我们个人或职业来说很重要的人保持联系，等等。这类选择失败会使我们付出额外的时间与精力（类似于开车时频繁刹车）。

**造成痛苦与障碍的影响**：爱迪生在谈到发明过程中遇到的障碍时说过："我没有失败。我只是发现有一万种方法不起作用。"每次发现一种不起作用的方法，我们都学到了一些有希望在接下来的整个探求过程中很可能有价值的东西。但是遇到障碍会使我们的前进步伐慢下来，回过头根据我们学到的知识进行调整。我们不能容忍这类失败太多，因为它们会让我们耗费一年的生命时光，丧失良好势头。成本可能很高，遗憾机会很小，遗憾的痛苦也小。这类选择涉及接受一份新工作，看看我们是否喜欢它，或者深入学习（实习），约会，上课，到新地方旅行（探索），培养新的爱好，暂时什么都不做，关注（或不关注）对我们个人或职业来说很重要的人，未雨绸缪，等等。

**造成痛苦与挫折的影响**：这种选择会使我们耗费 3~10 年的生命时光，我们希望将其减少到最低程度。这类选择失败是一种需要从头做起的挫折。有关选择涉及选择大学专业 / 行业学位，多年专一的约会与婚姻，投资（投入大量时间与资金），收养宠物，等等。成本很高，遗憾的概率很高。如果我们能找到快速恢复的方法，遗憾的痛苦是中等程度的。

**造成痛苦，铸成大错的影响**：这种严重性的负面选择影响已经改变了我们一生。一旦出错，便无法逃避后果。有关选择涉及坠入爱河，结婚，决定同谁结婚，买房，生儿育女，决定何时生儿育女，做出职业承诺包括认证，坚持并努力发展业务，重大的财政投资，做出个人健康选择，等等。代价无法估量。肯定会感到遗憾，而且非常痛苦。即使我们第二次做对了（这是一个选择），痛苦仍然存在。

## 提出重要问题：规避错误选择

当我们认为错误选择会产生痛苦时，如果我们能够深入探究，并防止产生终生灾难，还是有所帮助的。我们可以针对错误选择影响的每一个方面提出一些重要问题：

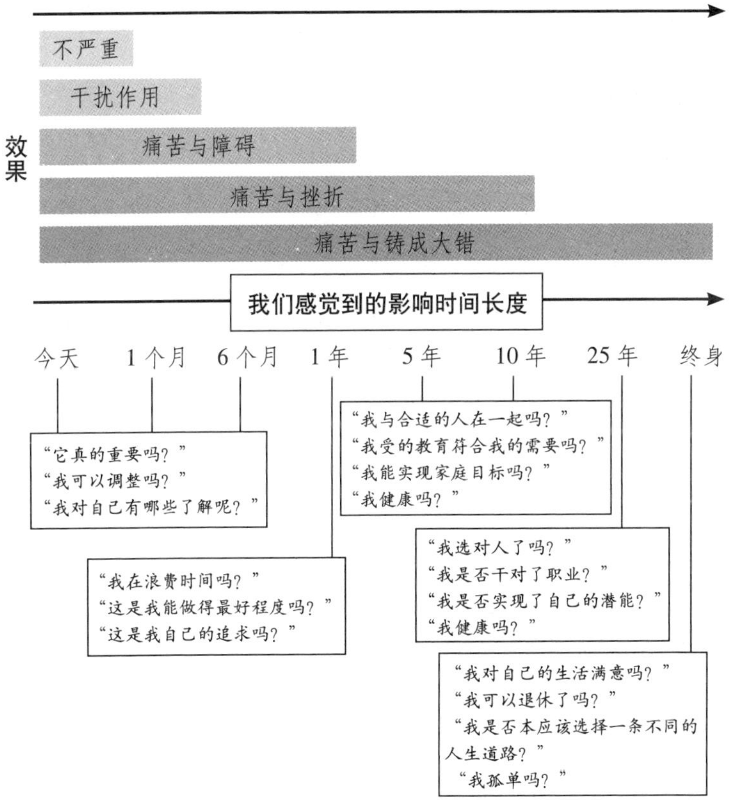

如果你的直觉（或朋友）正在缠着你让你思量一个挥之不去的错误选择，那么这些问题就是很好的权衡检验因素。错误选择是一些每当你最不能容忍时便会出现的缺陷。错误选择及其造成的痛苦好比一颗疼牙，有时只在你想用它时才感觉到疼，但是为时已晚。我祖父过去常常在他的农机上工作，而实际上他并不需要工作。当我站在他旁边（帮忙）、颤抖或感到不舒服的时候，我会问："为什么我们今天必须这样做？"我心想应该去捕鱼。他回答说："我们现在就这么做，这样当我们需要装备时，装备就已经准备好了。我们不希望它在地里出现故障。"由于我们在当前的人际关系、职业、健康和许多其他重要方面做出了错误的选择，我们都有一些相应的弱点。

我们不希望弱点在我们人生中的主要领域堆积扩散，在错误的时候把我们打垮。一旦发现不良选择影响的迹象，要进步查明你要花费多长时间来处理这些问题。

# 3
# Chapter

## 掌握关键选择＝决定人生方向

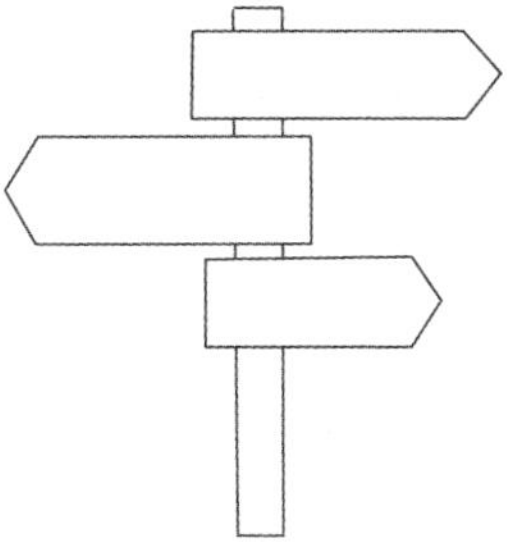

走完一天的路之后，回顾一下沿途做出的所有选择。你穿什么衣服？吃什么东西？跟谁说话？步行或开车穿过哪条路？如何利用你的时间，是用在工作上还是娱乐？你有新的目标吗？你同意什么吗？你做出的选择是小选择、中等选择还是重大选择？

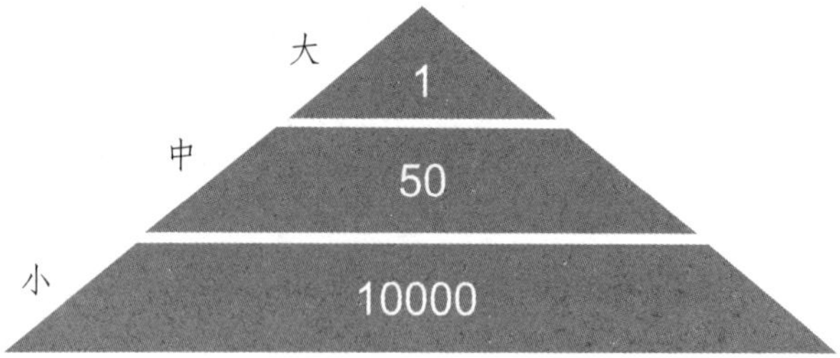


**每年做出的选择数量**

简而言之，我们可将选择分为三类：小选择、中等选择和重大选择。如果你对本周所做的选择进行详细盘点，做出的选择很可能大多是小选择或只有一个中等选择。那么，什么是中等选择呢？中等选择最好用“航向修正”来加以说明，就像船长负责的一样。因为船驶向哪里是我们的重大选择，所以在航程中，我们必须经过转小弯、加速、减速与加油等环节。中等选择确保了我们成功的进程。例如，如果一个重大选择是“获得这所大学的学位”，那么中等选择就是选修能够帮助我们获得学位的课程，而一个小决定则是今晚学习。什么因素可使人成为一名优秀船长呢？答案是：了解目的地，了解我们当前的位置、航向、速度，以及快速做出调整的能力。对于你自己的生活来说，你是一名技术有多熟练的船长呢？

以下选择类别绝对是决定未来幸福和成就的最大选择领域。令人惊奇的是，这么多人如此轻率地跳过它们。此外，我知道这些是大问题，因为它们总是成为人们一生中最大的遗憾。因此，了解并为最大的决定做好准备是一个巨大的优势。

## 关键选择 1：教育

### 教育费用

这一选择几乎为你的整个职业生涯（以及退休储蓄）设定了基本的收入潜力。例如，在 30 多年的职业生涯中，总收入潜力（数据来源：《2009 年美国人口普查》）为：

| | 高中未毕业 | 高中毕业 | 无学位毕业 | 副学士 | 学士 | 硕士 | 博士 | 教授 |
|---|---|---|---|---|---|---|---|---|
| 每年收入 | 20241 | 30627 | 32295 | 39771 | 56665 | 73738 | 103054 | 127803 |
| 30 年工龄 | 607230 | 918810 | 968850 | 1193130 | 1699950 | 2212140 | 3091620 | 3834090 |

（单位：美元）

钱不是万能的，但是有钱可以让我们做一些自己想做的事情。尽早做出这类选择非常关键，这是决定你是掌握主动权，还是依赖他人的重要因素。对我来说，感觉没有掌握主动权是我最糟糕的心理状态之一，我会尽一切努力重新获得主动权。对我来说，金钱的作用就是能使我自由地去做自己想做的事情，而不是做我必须做的事情。因此，当我们做出选择来确定自己接受的教育费用数额时，就是为自己确定可能达到的收入水平。

## 教育方面的努力

父母知道不断努力最终会产生结果，这就是为什么我们总是恳求孩子学习的原因。但愿孩子们也知道我们所了解到的事实：整个世界正在区分为两种人，即更加努力的人与根本不努力的人。

2012 年，三年一次的 PISA[2]（国际学生评估项目）评估报告将全世界 70 个国家中 15 岁儿童的知识和技能进行了比较。在 34 个国家中，美国排名第 14 位，阅读技能方面排名第 17 位，理科方面排名第 17 位，数学方面排名第 25 位，低于平均水平。这是什么造成的？自身努力。低标准努力是美国公民经常做出的一个日常选择，这违背了美国的长期利益。

---

2. PISA：是一项由经济合作与发展组织（OECD）统筹的学生能力国际评估计划。

## 教育成绩与标准化分数

高等教育根据学生的成绩与标准化分数来择优录取，颁发奖学金。我们再也不能进入一个看重人品的名校了。成绩与分数（美国大学入学考试成绩 ACT，学术能力评估考试 SAT，美国研究生入学考试 GRE，法学院入学考试 LSAT 等考试分数）必须高人一头。

## 就读的学校

我们在什么学校读书绝对会影响到我们的生活。学校有不同的声望，公司在招聘时对某些学校有偏见。攻读州立大学的乡村科技课程总比什么都不学好，但与其他 200 家大学相比，你就没有优势。指导老师会告诉你，有条件的话就去读最好的学校。他们还会告诉你要考虑自己的个人特点特征，以及学校在多大程度上适合你；自由贸易区的合并是一个重大选择。权衡这些因素也是一个重大选择。

## 教育学位与专业

我们选择的教育重点通常关系到我们一生的职业重点，尤其是在我们在攻读高级学位时（比如教育、医学、法律、金融等专业的高级学位）。高度重视如何在这个世界施展才华，往往要付出我们生命中的数年宝贵时间，还有一大笔开销——因此我们只能有一个选择。绝不会有压力！我们具体干什么工作将决定着我们的经济收入和满意程度。这是一个重大选择。

## 关键选择 2：伴侣

你对爱情的兴趣会使你工作更有效率吗？据美国主流商业报刊 *Inc.* 在 2015 年报道："圣路易斯华盛顿大学的研究人员发现，拥有相对谨慎可靠伴侣的员工往往在工作中表现更好，获得更多的升职机会，收入更多，对工作也更满意。"[3]

这对于男性和女性都一样："伴侣责任感"预先规定了未来的工作满意度、收入以及晋升机会（即使考虑到参与者的责任感水平）。

据研究人员称，"尽责"的伴侣会操持更多家务，表现出配偶可能会模仿的更加务实的行为，使家庭生活更加令人满意，所有这些均能使自己的配偶以更大精力投入工作。

那么，你会选择谁作为生活伴侣呢？配偶的各方面素质会决定你能否成功。年龄也很重要，同龄伴侣关系通常持续的时间最长。

---

3. 美国主流商业报刊 *Inc.* 在 2016 年 5 月 12 日刊"科学研究发现，同合适的人结婚会让你更成功"，作者杰夫·哈登（Jeff Hade）https://www.inc.com/jeff-haden/marrying-the-right-person-makes-you-more-successful-backed-by-science.html。

在什么年龄选择人生伴侣也很重要。**承诺在以后的生活中互敬互爱，约会时间更长的情侣拥有最稳定的伴侣关系。**稳定性很重要，因为良好的伴侣关系可以证明 1+1=3。

你也许会问，那爱情呢？以下这一点常常使人们感到意外：伴侣的素质，以及你在什么年龄找到伴侣，决定着你们之间的爱情更可能持久（感情越来越好），而不是相反。你的爱不会改变你的伴侣角色或环境。爱情很少使错误选择长时间层出不穷。从另一个角度来看，坠入爱河并不是一个可以要求任何成就的选择，其本身通常不是一个目标。通过伴侣关系所取得的成就会在此后受到关注，坠入爱河创造了一个结成牢固伴侣关系的暂时机会。然而，如果伴侣、伴侣关系及其环境从一开始就有缺陷，那么爱情就会因为基础不牢而破裂。

## 关键选择 3：生育

生儿育女可不简单……花销很大而且耗费时间。我有三个孩子，这种生活经历是任何东西都换不来的。但是如果我很早就有了孩子，我肯定会放弃自己的许多目标，也肯定对我的经济状况更加担忧。选择何时生儿育女很重要，这是我们人生旅程中需要把握时机的节点。“什么时候做父母最合适？”这关系到我们如何合理安排重点目标的问题。

根据美国农业部发布的最新年度报告《抚养孩子成本》

（2014 年 8 月 18 日），美国中等收入家庭把 2013 年出生的孩子一直抚养到 18 岁的平均成本约为 245340 美元（或 304480 美元，根据预测的通货膨胀率进行调整）。

2000 年美国人口普查数据显示：

- 等待生儿育女的女性薪金明显高于同等教育程度、生育较早的同龄女性。
- 对于具有专业学位和全职工作的 40 岁至 45 岁女性而言，35 岁生第一个孩子的女性每年比 20 岁生第一个孩子的女性多赚 5 万多美元。即使是再等 5 年，35 岁而不是 30 岁，平均每年也相差 16000 美元。
- 对于男性而言，情况正好相反（对不起，女士们）。男性生孩子后（如果和他们一起生活的话）的收入增长平均超过 6%，而女性每生一个孩子（如果和他们一起生活的话）收入则减少 4%。“雇主认为父亲更稳定，更敬业；他们要养家糊口，所以他们不太可能表现得没个正行。”雇主认为父亲是最理想的雇员，其次是没有孩子的女人与没有孩子的男人，最后是母亲。一个例外情况是，在前 10% 的工作中，母亲的收入倾向机会与男性相同，因为雇主认为她们是可以谈判的高绩效员工。[4]

---

4.《纽约时报》2014 年 9 月 6 日刊 “做母亲吃亏，做父亲受益”，作者克莱尔·凯恩·米勒 http：//www.nytimes.com/2014/09/07/upshot/a-child-helps-your-career-if-youre-a-man.html。

男同胞与女同胞们，当你做出生儿育女这个重大选择的时候，本书中所讲的概念将帮助你确定什么对你很重要，如何做出选择。一般来说，你的事业和婚姻越稳固，你就越能享受做父母的乐趣。等待太长时间后再生儿育女也有缺点。根据我自己的经验，一直等到家庭确实可以稳定下来当然是件好事，而趁着年轻的时候享受同孩子追逐嬉戏的乐趣感觉也很好。我和妻子很早就调换了角色，因为我读研究生院创业时，她已经有了一份职业。我们进一步稳定下来后，我扮演了养家糊口的主要角色，她管理着我们年轻的家庭。两个伴侣可以灵活合作，合理安排时间，这是一个很大优势。何时养儿育女？这可是一个重大选择。

## 关键选择 4：社交

> 平均算下来，我们只与 5 个人在一起相聚的时间最多。
>
> ——吉米·罗恩（Jim Rohn）

说到社交关系的影响，我们遵循规律。事实证明，我们深受最亲近的人的影响。他们会影响我们的思考方式，影响我们对自己的感觉，以及如何树立目标、实现目标。想一想与你共度时光最多的 5 个人。你喜欢这个社交小群体带来的影响吗？你也会受到它的挑战吗？

应该有一些不总是让我们感觉良好的批评者和顾问，这很重要。根据《消费者研究杂志》（*Journal Of Consumer Research*）上的一项研究报告《告诉我做错了什么：专家寻求并回应负面反馈》，新手喜欢正面反馈，但专家希望得到负面反馈，这样他们才能取得进步。

你越成功，面临的批评也越多。格伦·洛皮斯（Glen Llopis）在《福布斯》（*Forbes*）杂志上撰文，论述"6 种人如何培养你的精神韧性"，其中包括怀疑者、批评者和嫉妒者。我们生活中的这类人会使我们变得更好。选择你的最亲密社交圈朋友是一个超出你本人想象的重大选择。

## 关键选择 5：环境

你愿意做小池塘里的大鱼，还是愿意做大池塘里的小鱼？

我会一直选择从大池塘起步。更大的池塘中有更多的机会、资金、资源、智慧与人才（以及配偶候选人）。**我们生活的地方对机会有很大影响。**

在过去 100 年里，人才和智力一直在向美国的 6 个主要经济区转移，离开农村，并利用竞争强度。生活在下述区域之一会对你的许多机会都产生影响：

- 东北走廊：位于华盛顿特区与波士顿之间。
- 东南部：位于弗吉尼亚州与佛罗里达州奥兰多之间。

- 中北部：位于芝加哥与明尼阿波利斯之间。
- 中南部：位于达拉斯、休斯敦与圣安东尼奥之间。
- 太平洋西北部：位于俄勒冈州波特兰市与华盛顿州西雅图市之间。
- 西部：加利福尼亚，包括从洛杉矶到旧金山一带。

上述地区创造了更多的财富和繁荣，因为精明的人士在那里开展更加密切的合作（由于人口的关系），生产出了各种新产品。那里有更多的人，有更多的投资者、雇主、智慧与人才，自发地酝酿出各种思想，创造出各种机会。

另一方面，你也可以在小池塘里过上幸福生活，但是你需要调整自己的期望，多到外边走一走。我选择住在俄克拉荷马州的一个“小池塘”塔尔萨市，但我经常去更大的地方工作。我出国旅行是为了了解世界上其他地方的人在做什么。我每个月花一周时间在大城市里，利用我的人脉网络拜访客户，探索下一个机会。这是两个世界中最好的一个。但我敢肯定，生活在一个“小池塘”里，要获得很大成功，还有更多的工作要做。

在一个“大池塘”里，我发现了以下情况：

- 人口更多，有才能、受过教育的人更多，交通更繁忙，通勤令人痛苦，空气更加污浊。
- 机会更多，要做的事情也更多，生活成本更高，经济压力更大，必须延长工作时间，而不是享受休假。

- 这里有许多业务关系，许多公司总部也设在这里。
- 更容易乘坐飞机、火车出门旅行，共享乘车也更容易。

在一个“小池塘”里，我发现了以下情况：

- 生活成本比较低。
- 机会少，可做的事情少。
- 生活更轻松，不那么拥挤，空气质量更好，人们不那么世俗。
- 很少有业务关系，必须出差。
- 大多数行程单程包括两次航班。

## 关键选择6：职业

为了保护稀缺资源，世界上大部分国家会在公民18岁之前进行测试、选择。许多欧洲国家在国民17岁时就开始考试，而且你的高等教育（如果有的话）与职业道路选项在高中毕业前就已经为你准备好了。如果你有资格，可以选择并且不改变你的想法。如果你不够优秀，只能这样。

你的事业应该带来收入和成就感。要想在这两个方面都取得巨大成就是一个挑战，但同时也是一个令人兴奋的追求。你对各种工作活动的兴趣以及从中得到的乐趣有助于指导你完成工作。从选择的角度来看，金钱是许多其他人生目标的助推剂。因此，我们倾向于选择收入而不是满足感，或者选择满足感而不是收入。所以，我们的目标必须也相应地彻底改变。通过尝试许多工作来发现我们绝对不喜欢做的事情，并从剩下的事情中进行选择，往往能找到满足感。

你想过舒适的生活吗？你从事的职业也许会实现这一目标，也许实现不了。例如，根据 50-30-20 预算规则，其中 50% 的收入用于生活必需品，30% 用于可自由支配的项目，20% 用于储蓄，以下是美国 2016 年过上舒适的城市生活对单人收入提出的要求（根据 Gobankingrates 的调查结果）：

| 城市 | 人口 | 过上舒适生活的年收入 | 全职小时工资 |
|---|---|---|---|
| 纽约 | 8491079 | $87446 | $42 |
| 洛杉矶 | 3928864 | $74371 | $36 |
| 芝加哥 | 2722389 | $68671 | $33 |
| 休斯敦 | 2239558 | $60795 | $29 |
| 费城 | 1560297 | $59384 | $29 |
| 凤凰城 | 1537058 | $48876 | $23 |
| 圣安东尼奥 | 1436697 | $46238 | $22 |
| 圣迭戈 | 1381069 | $69307 | $33 |
| 达拉斯 | 1281047 | $55651 | $27 |
| 圣荷塞 | 1015785 | $89734 | $43 |
| 奥斯汀 | 912791 | $53225 | $26 |
| 杰克逊维尔 | 853382 | $49842 | $24 |
| 旧金山 | 852469 | $119570 | $57 |

续表

| 城市 | 人口 | 过上舒适生活的年收入 | 全职小时工资 |
| --- | --- | --- | --- |
| 印第安纳波利斯 | 848788 | $46016 | $22 |
| 哥伦布 | 835957 | $45466 | $22 |
| 沃思堡 | 812238 | $51759 | $25 |
| 夏洛特 | 809958 | $53842 | $26 |
| 底特律 | 680250 | $42772 | $21 |
| 埃尔帕索 | 679036 | $40227 | $19 |
| 西雅图 | 668342 | $72092 | $35 |
| 丹佛 | 663862 | $62842 | $30 |
| 华盛顿特区 | 658893 | $83104 | $40 |
| 孟菲斯 | 656861 | $44180 | $21 |
| 波士顿 | 655884 | $84422 | $41 |
| 纳什维尔 | 644014 | $61015 | $29 |
| 巴尔的摩 | 622793 | $53897 | $26 |
| 俄克拉荷马城 | 620602 | $44180 | $21 |
| 波特兰 | 619360 | $60195 | $29 |
| 拉斯维加斯 | 613599 | $50453 | $24 |
| 路易斯维尔 | 612780 | $46831 | $23 |
| 密尔沃基 | 599642 | $43281 | $21 |
| 阿布奎基 | 557169 | $43895 | $21 |
| 图森 | 527972 | $39966 | $19 |
| 弗雷诺斯 | 515986 | $42496 | $20 |
| 萨克拉门托 | 485199 | $53736 | $26 |
| 长滩市 | 473577 | $58560 | $28 |
| 堪萨斯城 | 470800 | $45311 | $22 |
| 梅萨 | 464704 | $42654 | $21 |
| 亚特兰大 | 456002 | $60285 | $29 |
| 弗吉尼亚海滩 | 450980 | $50929 | $24 |

续表

| 城市 | 人口 | 过上舒适生活的年收入 | 全职小时工资 |
| --- | --- | --- | --- |
| 奥马哈 | 446599 | $45560 | $22 |
| 科罗拉多斯普林斯 | 445830 | $44512 | $21 |
| 罗利市 | 439896 | $55537 | $27 |
| 迈阿密 | 430332 | $77057 | $37 |
| 明尼阿波利斯 | 407207 | $64170 | $31 |
| 克利夫兰 | 389521 | $42589 | $20 |
| 威奇托 | 388413 | $40616 | $20 |

因工作需要，你会去往不同的地方。因此，从一个城市迁移到另一个城市时，重要的是要查明生活成本的差异，确保收入满足所需的预算金额。

关于职业还有一点：你所选择的工作收入范围是多少？随着事业发展，低收入上限将限制你一生的收入潜力。职业上的考虑必须包括收入范围。有关实例如下（每组中 90% 的工作人员均包括在所示范围内）：

- 酒保 / 服务员 / 女服务生：12500~28200 美元
- 门卫主管：19600~51050 美元
- 康复专家：20900~72600 美元
- 注册护士：40200~83400 美元
- 技术销售代表：33400~121800 美元

- 财务分析师：40300~130100 美元
- 计算机软件工程师：49400~119800 美元
- 物理学家：52100~143600 美元
- 医生 / 外科医生：45200~145600 美元

> **严酷的现实**：
>
> 根据以上显示的城市收入要求，当你看到 20 岁以上、62 岁以下的人在一家快餐店或沃尔玛商店工作，或者做其他提薪机会不大、每小时收入不到 20 美元的任何工作，你可以肯定，如果他们独立生活或者有孩子要抚养，他们都面临着经济压力。为了生存，他们很可能做着两三份工作。我很钦佩他们辛勤工作，但是我也提醒自己，绝不要做出让自己处于相同境遇的选择。

显然，我们在教育上做出的选择对职业生涯影响很大。这两方面的选择一起为大多数人确定了收入潜力。

## 关键选择 7：债务

债务可以是有利的，也可以是不利的。当我们借钱去购买一份归自己拥有的财产时，负债是有利的。这方面的实例包括租赁房产与租赁业务。任何以你名义承担的债务，如果没有每月给你开一张支票，那就是坏账。

一个例外是为支付学费而产生的债务。如果做得高明，那就是为自己的未来进行投资，你将会得到更高的收入回报。为了买车，买房，买“东西”，或者为了享受美好时光而负债累累，这些都是你必须拖向未来的负担，会变得非常沉重。

美国金融网站NerdWallet《美国家庭信用卡债务研究》2015年报告：

债务增长的原因：在过去12年里，生活成本的上升已经超出了收入增长的速度。虽然自2003年以来家庭收入中位数增长了26%，但家庭支出远远超过中位数，医疗费用增长51%，食品和饮料价格在同一时期上涨37%。

**名义收入与生活成本**

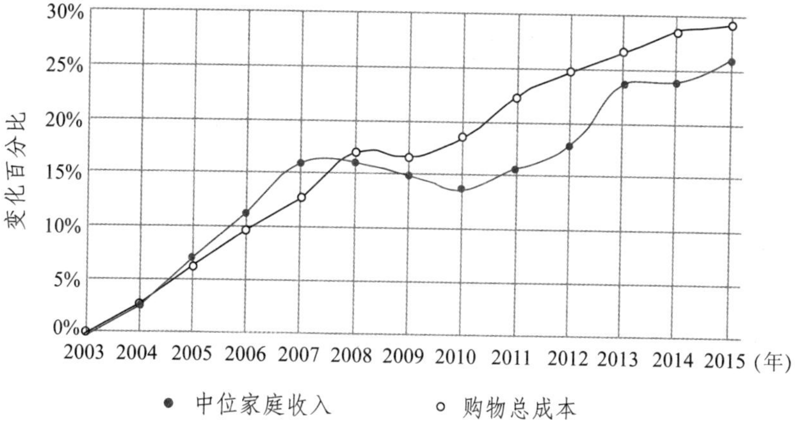

债务心理学：消费者严重低估或少报了他们有多少债务。事实上，截至2013年，实际贷款人报告的信用卡债务比借款人报告的余额高出155%。

债务成本：每个家庭平均每年支持利息总额为6658美元。这相当于平均每户家庭收入（75591美元）的9%，仅用于利息支出。[5]

很重要的一点是：承担债务是一个关键选择，而且极容易遇到麻烦。当你考虑想在生活中获得多大自由时，应该仔细斟酌债务问题。

## 关键选择8：健康

“拥有健康，就拥有一切”是一句传统谚语。发达国家的人正在失去我们所拥有的健康优势，因为我们胖了，而且越来越胖。我们针对饮食和生活方式所做的日常选择让我们失望。我们得到的许多奖罚结果均同我们如何选择健康与生活方式有关。最大的回报是长寿、高质量的生活。我们消费的每一份快餐汉堡、软饮料与啤酒均相当于未预防心脏病的选择，也是导致受到这类惩罚的一个选择：社会偏见。人们选择健康有魅力的

5. Nerdwallet在2015年12月9日刊“2015年美国家庭信用卡债务研究”，作者艾琳·艾尔·艾萨 https://www.nerdwallet.com/blog/credit card data/average credit card debt household/。

伴侣；雇主也下意识地选择既有职业资质，又最能代表公司形象的员工。在任何竞争中，弱不禁风都不是可取的特点。对于身体不健康的人自然会有偏见，而我们中有一半以上的人已经失控。其结果是降低收入。

> **健康：我们无能为力了吗？**
>
> 超过 2/3（70.7%）的成年人被视为超重或肥胖。
>
> 超过 1/3（37.9%）的成年人被视为肥胖。
>
> ——CDC（疾病控制中心）（2013—2014 年）

佛罗里达大学的蒂莫西 A. 贾奇（Timothy A.Judge）与来自伦敦商学院的丹尼尔 M. 凯布尔（Daniel M.Cable）通过研究"体重和收入之间的关系以及男女关系的差异程度"，着手测试社会对男性和女性所持有的不同的身体标准。以下是他们的一些重要发现：

对于男性来说，体重的增加对工资有积极的线性影响，但在高于平均体重水平的情况下，回报会减少。（说得更直白一些：消瘦男性处于劣势。）

注：《应用心理学杂志》（*The Journal of Applied Psychology*）发现，男性的肌肉会带来如下回报：

- “研究表明，人们将积极的人格特征赋予具有体育性体质（肌肉发达的）男性绘画或照片，而主要将消极特征赋予不具有体育性体质的男性。例如，被视为具有体育性体质的男性特征是积极的（即，值得交的朋友，社交广，礼貌，快乐，帮助他人，勇敢，健康，聪明，整洁）。相比之下，身体瘦弱的男性视为具有一些不同的负面特征（即紧张、鬼鬼祟祟、害怕、悲伤、虚弱、生病）。”
- “非常瘦”的女性比拥有平均体重的女性多赚约 22000 美元。
- “瘦体型”的女性比拥有平均体重的女性多赚 7000 多美元。
- “重体型”的女性比拥有平均体重的女性少赚 9000 美元。
- “非常重”的女性比拥有平均体重的女性少赚近 19000 美元。

这项研究告诉我们什么呢？这表明，作为一个社会，我们的外表是职场上互动、晋升与个人收入的关键因素。为了最大限度增加收入，男人应该去健身房练举重，而女人应该保持体型匀称，这样看起来才合适。

对此，我喜欢还是同意？不，有些人的身体状况是不可逆转的。偏见并不重要，我们不会在一夜之间改变偏见。你可以尝试改变社会标准，减少偏见的影响。但是，这可能需要很多年。同时，忽视看似不健康的缺点也是一种会招致惩罚的选择。我们如何向当今社会展示自己？这本身便是一个重大选择。

## 关键选择 9：爱好

你在工作与学习以外所做的事情，使你成为一个有情趣的人。业余爱好是一个可使人与人走到一起的话题，你会借此机会遇到一些志同道合的人。因为拥有共同爱好，你便与他们更加亲近。共同的兴趣爱好有助于建立友谊与浪漫关系，结识新的朋友。骑自行车、远足、竞技射击、打网球、参观教堂、志愿服务、收藏古董、旅行与观鸟……这些活动与其他成千上万活动一样，均可丰富你的个人生活。这些活动使我们走向了外面的世界。

同样重要的是，将业余爱好活动当作人生追求，不断挑战自己。我有一些朋友在努力打高尔夫；我母亲已成为一名获奖的画家，她正在想方设法提高自己的艺术水平。这是一个有趣的话题，一个竞争性的话题，使人不断挑战自己，呕心沥血提升自己的人生境界。这对我们有益，使我们变得更加坚强，使我们保持充沛的竞争活力，无论年龄多大。随着我们自身水平的提高并积极思索着下一个努力目标，在业余爱好中激发出来的澎湃热情会一直延续到我们的工作和个人生活当中。

## 关键选择 10：好奇心

保持好奇心，终生学习，这可是一项重要选择。从学校毕业后，这项选择便接过你的教育成长重任，一直持续到你生命的最后一刻。

因为我有好奇心，所以我不断提出问题，从中学到了更多东西；我克服了第一次和未来的妻子谈话的焦虑心理，因为我有好奇心；我在研究生院找到了一位伟大的导师，因为我有好奇心；我得到了晋升，因为我对公司未来的计划很好奇；我和朋友一起尝试新事物，学习培养新的爱好。保持好奇心是一种心理状态，一种进一步了解人或事物的兴趣。**好奇心打开了一扇又一扇意想不到的大门。**好奇心是一笔终身财富。

培养、磨炼我们的好奇心，是获得幸福最可靠，也是最容易被忽视的一个重要途径。那是因为好奇心是一种萌发了积极兴趣，或者真正想深入探究了解事物的心态，使人对陌生体验（冒险）抱着开放态度，为有更大的机会体验发现与快乐奠定了基础。

好奇心是可以培养发展的。通过实践，我们可以利用好奇心的力量，将日常任务转化为愉快有趣的体验。我们也可以有意识地利用好奇心在任何情况下，或者在我们遇到的任何互动过程中创造奇迹，体会到有趣愉快的时刻。

——托德·卡什丹 (Todd Kashdan)

一切均始于想了解得更多，它对我们的生活所产生的影响超出了我们的想象。我们可以决意保持好奇心，捕捉任何有意义的线索。

## 关键选择 11：合作者

如果你是一个企业的所有者或共同所有者，这一领域的选择至关重要。在我的生活中，最大教训是选择经营伙伴不当。2010年我经营的制造企业倒闭，使我损失了 1500 多万美元，因为我在合伙人和银行家那里吃亏不少。当事情进展顺利时，合作伙伴表现得很好。当事情进展不顺利时，你就会发现真相。即使你的合作伙伴没有出于私利冒出一些古怪念头，或者使局面变得不利，经营企业也不容易。与选择配偶类似，选择一个好的商业伙伴可能意味着 1+1=3。选错了的商业伙伴则会毁了你的生意，让你连连亏损。本书没有足够的篇幅专门探讨这类选择的每一个方面——但是我仍然想谈谈我的首要原则。

### 找合作伙伴，还是单干

在我看来，不单干的时候生意会更有趣。工作中的精彩里程碑时刻、胜利时刻与令人振奋的时刻，均可以更开心地同合作伙伴分享。合作伙伴还能够使不顺利的事情更容易承受，这是人性使然。合作伙伴增加了实力，在一起合作的人会有更多的发现和成就。然而，我的经营伙伴却给我造成了一生中最大的伤痛。

但是这件事并没有阻止我继续同别人合作，只不过我在选择上变得更明智了！如果企业家没有足够的资金推动企业向前发展，那么答案很简单：此时需要一个有钱的合伙人；如果企业家有足够的资金使企业保守地运行下去（但不是发展很快），他们可以独自去做，但企业规模不会很快扩大，可能会失去有利时机，因为市场需求并不等待着我们的企业发展。

如果我们还没有准备好发展，市场需求会使其他人获得成功。合作伙伴可以在资金与努力方面提供很大帮助。如果你必需发展资金，那么只有通过几种方法可以获得它。这是我与大型资金来源（基金）合作的原因。2008 年，我们将商业价值提升到了一个新的高度，但几年后由于选择失误，我无力阻止这场大灾难。2010 年，我在合作中得到了损失 1500 万美元的痛苦教训。事后看来，“规矩是有钱人定的”这句话在我眼前体现得如此生动。遇到麻烦时，没有人会在意伙伴关系。另外，合作伙伴联手经营时，也会产生奇迹。史蒂夫·乔布斯（Steve Jobs）和斯蒂夫·沃兹尼亚克（Stephen Wozniak）联手创造了一个现在的苹果公司，比尔·盖茨（Bill Gates）和保罗·艾伦（Paul Allen）一同创立了微软公司。我们都给这些公司寄过很多钱！所以要对合作保持开放的心态，总会有心花怒放的时候。

## 合作关系恶化

一旦合作伙伴关系开始恶化，其中一个伙伴的不良行为便开始显露出来。我曾经认为，人可以好也可以坏，这将决定他们在伙伴关系的开始、中期和结束阶段表现出的行为。在关注合作伙伴关系结束的过程中，我也见识过好人不善待他们的合作伙伴。

其中的常见原因是：

- 他们觉得原来的商业交易现在变得不公平。
- 他们觉得自己没有得到应有的补偿（应该得到补偿）。
- 他们觉得自己的技能被对方低估了。
- 他们感觉受到了伤害，因此想让对方吃点苦头。
- 他们因为太容易上当而感到懊恼。

我们都知道每当看到合作关系不会持久时自己会有什么感觉。

- 你是否曾经决定赶在员工工作的最后一天之前解雇他们？
- 你是否曾经在保持旧情的同时寻找新的浪漫关系？
- 在告诉任何人之前，你是否已经决定不再对某个项目或个人进一步投资？
- 你是否曾经终止过友谊，但没有告诉对方？

在这种情况下，你对待一个人的方式会发生变化，对吧？人们在这种情况下表现出的行为包括隐瞒各种想法，隐瞒信息，创建副业，不再像以前那样投入时间和精力，尽量不再费心费力撑门面，等等。

因此，当你认为情况可能变坏时，要相信自己的直觉。在商业上，你不需要任何人的祝福，只需要一份周全的法律协议。多用些心思挑选合作伙伴，别把精力浪费在维系有缺陷的事物上。

## 选择合作伙伴

多年来，我和同事们已经多次达成共识（我们亲眼看见了失败）：**一生中最重要的选择是选择伴侣。**看看有些人在配偶的选择上表现有多差。许多人在选择商业合作伙伴上表现得更差。事实证明，离婚通常比解除商业伙伴关系容易得多。

但是，对于商业合作伙伴而言，问题可能来自合作伙伴关系本身。随着时间的推移，你的期望可能会改变，合作伙伴的职业道德可能会下降，金钱会给你们带来麻烦。权力很容易引发争斗，相互猜测可能变得司空见惯。谁是真正的领导者？长期维系的商业伙伴关系实属罕见。

我认为最终解散的主要原因是：开始时两个合作伙伴之间的差异对业务来说具有互补作用——技能与视角方面的协调平衡使业务趋于稳定。然而，随着业务的增长，这些差异中的一些特点可能会成为主要的干扰因素。最后，一旦双方经济稳定下来，他们便将个人偏好置于忍让之上，我行我素。多年来，我一直关注着已婚夫妇分道扬镳的趋势。人们会随着时间的推移而发生变化。他们在人际关系、愿望、学习、精力、健康与和精神方面存在的差异，会使他们逐渐疏远自己的合作伙伴。

我发现，如果你选择的合作伙伴拥有你不信任的背景或社会关系，资金也比你更加雄厚，这意味着你几乎没有发言权。此外，同一个你不太了解的更强大的伙伴开展合作时，重要的是要从法律上明确你的权利，以防止你的“伙伴”破坏你的业务，因为他们愿意冒一些你本人不愿意冒的风险。这让我想起了青蛙和蝎子的故事。

一只蝎子和一只青蛙在河边相遇，蝎子让青蛙背着它过河。青蛙问："我怎么知道你不会刺我？"蝎子说："我要是这样做，我也会死的。"青蛙很满意，于是它们出发了。但是到了河中央，蝎子却刺了青蛙。青蛙感到浑身发麻，开始下沉。青蛙知道它们都会淹死，用仅剩的时间喘息着问："为什么要这样做？"蝎子回答说："这是我的天性。"

因此不要选择同蝎子一样的人合作，不管他们承诺什么。你的商业伙伴应该是你信任的人，或者是守法的人；即使他们会输，你也不会。当合作愿景清晰、动机相同、影响力不倾向任何一边时，合作关系最为牢固。如果你在伙伴关系中感到无助，那就不是真正的合作关系。不要轻视这种合作关系选择。友谊不会在别扭的伙伴关系中幸存下来。所以要小心行事，就像你同一个陌生人合作一样，这样你就可以睁大眼睛做出选择了。

在业务合作伙伴问题上，希望你现在更加了解合作伙伴在你的成功计划中所起的关键作用，无论好坏。由于本书主要内容不是讲述合作关系，因此在考虑任何类型的合作关系时，请以我的建议为基础了解更多有关情况。

## 关键选择 12：违法

没错，这是一个选择。这种改变人生的选择几乎没有被列入清单里。对我来说，这是一个遗憾的疏忽。这绝对是应该避免的严重错误。我最近读了尼古拉斯·埃伯斯塔德（Nicholas Eberstadt）的专著《没有工作的人》（*Men Without Work*）。使我感到震惊的是，被判重罪的人无法找到工作的概率是别人的 3 倍。事实上，现在至少有 2300 万处于最佳工作年龄的罪犯在大街上游荡。他们在余生中的成功概率永远要比别人低得多。不管他们犯了什么错误，都会带着洗刷不掉的印记。现在他们不能像我们一样工作、结婚或重新开始。社会不希望在提供机会时忽略重罪记录；单身女性不想对父母说，自己的新男友曾是重罪犯。

在你认为“不，这对我根本不适用”之前，让我们先看看在你的个人记录上犯下重罪是多么容易。当我们浏览这份清单时，注意一下酒精和毒品会助长多少愚蠢行为。在美国，最常见的重罪是滥用或拥有毒品，盗窃财物，酒后驾车，袭击他人，替未成年人购买酒精饮料，暴力犯罪，公开酗酒，盗窃，故意破坏财产，欺诈，违反武器规定，游荡，家庭暴力，虐待儿童，拥有被盗财产，伪造文件、物品。以上这些不仅仅是经验丰富的罪犯在黑暗小巷中犯下的罪行。大多数重罪犯只做出了一个选择，结果就很严重。他们是喝醉了的大学生、愤怒的男朋友，或者是不顾一切的瘾君子。如果你处在相应的情境中而不保持清醒的头脑，你明天很容易就成为一个重罪犯。

我突然想到，“我们的社交圈”这一重大选择对于我们避免麻烦，或者使我们远离重罪有着巨大影响。应该两眼盯着奖品，不要玩火，不要在玩火者跟前闲逛。所以对于这类选择而言，我们应保持清醒头脑，永远不要越过界线，这一点非常重要。重罪可以影响你想要的一切，让你无力克服它产生的影响。

# 4
# Chapter

## 重视选择区域＝指导人生走向

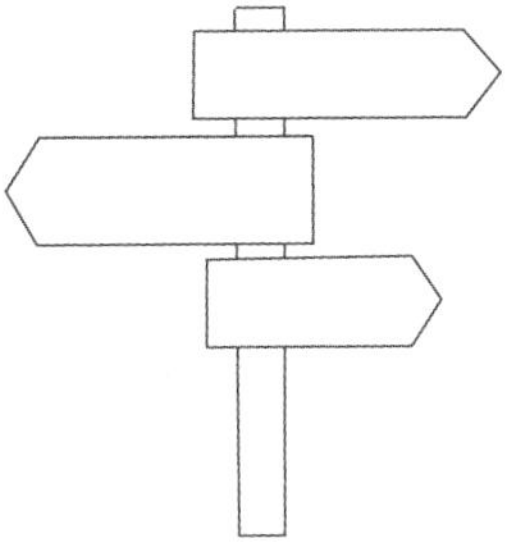

在选择方面，我们犯错误的方式和原因同我们犯错误的时间相比并不重要。换句话说，在脆弱的时候做出的错误选择会造成最大伤害。在生活中，选择区域对我们个人的成功是有影响的。我见过朋友们和我的孩子在这些区域中盲目穿行，没有意识到他们已经从一个区域穿越到了另一个区域。关键是要意识到这些区域，以及它们在我们整个生活中产生的不可思议的影响。

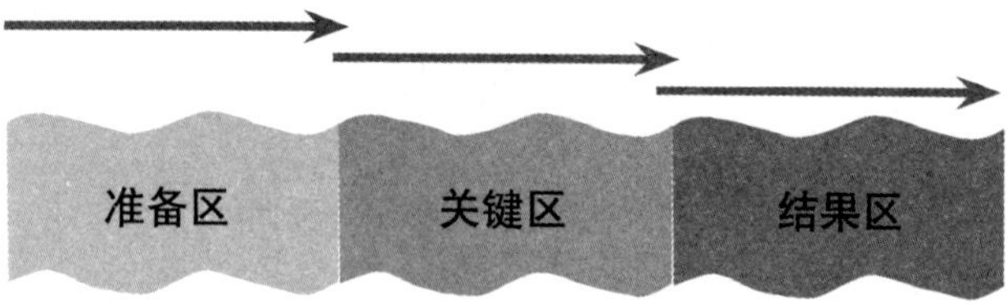


假设你是一名喷气式战斗机飞行员，你的飞机停在了跑道上。你在执行任务时向飞机走去。数年来，你的首要任务是培养自己的能力，并为这次飞行做准备。你先检查飞机，用手触摸着光滑的机身。准备好行动了吗？准备好执行任务了吗？你就要离开准备区域。

你开始起飞，肾上腺素开始流动。当你开始“加速”时，针对所有准备展开的测试便开始了。你已经进入了关键区域，这让你为升空燃烧了很多燃料。当你到达了巡航高度，长出了一口气。你是一位年轻的飞行员，这是你想要从事的职业。你和其他飞行员一起编队，以巡航速度飞行。

突然，你的雷达开始发出哔哔的声音，不明飞机在接近。你驾机向下俯冲以躲避对方的视线。下面的树木离得很近，以至于你都能数清楚有几片叶子。其他飞行员在对讲机上大喊大叫，因为你必须保持冷静，决定该怎么做，应该跟踪哪个敌机“鬼怪”。你要交战吗？准备忽略吗？你受到威胁了吗？注意下面的地面，现在有很多选择等着你做出。你突然面对着过量信息，脸上冒出了汗珠，你的身体需要额外的时间来应对这一切。飞机不停地盘旋，空中突然拥挤不堪，危机四伏。你现在非常怀念那些准备阶段的训练日，因为一切突然变得如此真实。

你现在做什么都至关重要。一个错误的举动可能会导致你和你的同事降职，失去飞行的翅膀，甚至死亡。最后，根据你的训练、判断与直觉，你立即行动起来。行动无法撤销，你已经进入了结果区。现在只能出现你的行为所产生的结果。选择的结果可能是你和队友安然无恙返回地面，面带微笑（“任务完成”）；可能是你拖着大火坠机，给你的生活、你的未来，以及你关心的其他人造成永久性的伤害——飞行任务（如你所愿）失败了。这些都是会发生的真正的后果，永远存在。让我们仔细看看这些区域。

**准备区**：“准备”指的是你与你的父母努力去做的所有工作，一直到你掌握自己生活的方向盘，由你自己成事的年龄。这一年龄范围一般是 10 岁到 16 岁，正是我们养成习惯、按习惯行事、形成工作道德、初步意识到想成为什么人的阶段。当然，准备工作可以延伸到成年时期。然而，我们都渴望最终由自己做出选择。真希望我们早点了解到，同关键区相比，准备区有多么安全！

**关键区**：在 Chapter 3 探讨的 12 个重大选择类别中，令人难以置信的是，从 16 岁到 40 岁之间这些活动最为频繁。这些重大选择类别之所以非常关键，是因为它们往往会产生重大结果，永远影响着你。这是独立自主的生活、恋爱、爱情、经历、冒险、制订策略与做出选择的关键阶段。这一阶段历时 24 年，绝大多数人在此期间打下他们的整个人生基础，按着自己对成功内涵的理解努力奋斗。事后看来，这些年过得太快了，我真希望自己 16 岁时就读过本书。在这个阶段你不必完美，但是你必须小心谨慎。如果选择不当，你将失去一生的动力与机会。

**结果区**：顾名思义，这是一个跨越 50 多年（你的大部分生活）的时间段，这期间你可以享受早在关键区做出的选择成果。另一种情况是，有些人却必须背负着选择负担（“不良后果”）。婚姻美满、足够的收入、退休储蓄、旅行、儿孙满堂，这些都是积极选择后果的良好实例。

**我见过的最悲哀的人**

我在要求朋友们讲述有关结果区的故事时，一位大学朋友讲了这样一段个人经历：“在 33 岁那年，我第一次见到了亲生父亲。那是一次紧张的会面。他 54 岁，长着一张和善的脸。在我出生前，他就决定断绝同我的任何关系。好奇心不能让我永远不见他，尽管我恨他多年前狠心抛弃了我。最初的闲聊过后，我很快就看到那个人沉浸在了悔恨之中。他一生孤苦伶仃，他经历了两次婚姻，还有几个孩子。他一文不名，开着一辆旧汽车，靠打零工赚钱。孩子们很少跟他说话。他只能谈论他过去曾经拥有什么，做过什么事情。他管理过企业，赚过钱，写过文章。过去说话，他说什么人们都会听，可现在只剩下昨天的骄傲与今天对别人的怨恨。他觉得自己不受尊重。他一生都在做错误的选择，后果不堪设想。他的亲身经历令人震惊地体现出我从来不想要的人生境遇：内心充斥的遭人鄙视的傲气，掩盖着他无法承受的巨大遗憾。所以他只能责怪自己曾经爱过的人。他是我见过的最悲哀的人。”

## 青少年阶段：理想的选择区

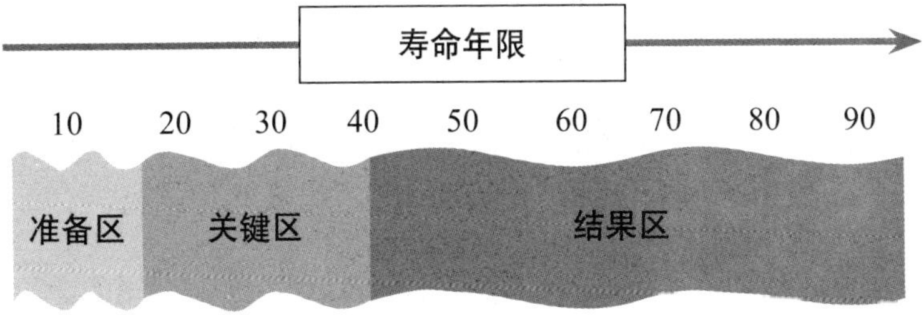

青少年朋友们，你们好。你们都是我们羡慕的对象。你们拥有的两个优势也是我们非常渴望具备的：（1）时间充裕；（2）生活中迄今为止的清白记录。你们一天天长大，新的责任也越来越多。然而，在我们开始独立生活（离家、上大学、离经叛道）之前，我们要按照父母、学校与导师顾问的要求努力做好全部准备。在这方面下功夫对我们自己有利，但并不都很有趣。我们作为父母与顾问要求年轻人做好准备，但却不能很好地解释原因。年轻人看到、感受到的只是努力过程，他们看不到、触摸不到对未来产生的影响。很难说服别人准备好应对未知的事物（例如，在他们从未真正体验过后悔感觉时，让他们认识到避免后悔有多重要）。这好像在他们只经历过轻微地震的情况下，让他们做好在地震中生存下来的准备一样。年轻人看问题的视角不能完全融入假设的情形，这正是困扰我们成年人的原因。我们只想让你们相信我们，因为我们的确是把你们的最大利益放在了心上。错误选择确实可能会导致严重的后果。

我们希望能帮助你们避免做出错误选择，认识到它们会产生多严重的后果。而且，在任何人声称“从错误中学习是件好事”之前，让我向年轻的新贵们表明：学习是件好事，但在关键区做出的重大选择既能使你今后对其倍加珍重，也能使你遗憾不已。如果你想在未来岁月里获得自由，想做很多事情，想去很多地方旅行，想完成伟大的壮举，你就必须正确设置选择关键区。如果做得好，结果区便是你余生的朋友。例如，我弟弟在关键区选择方面做得好，我为他感到骄傲，因为他正在享受选择后的良好结果。他在准备区和关键区的秘密可能正好同他哥哥（我）相反。

## 理想（正常）的时间表

你要学习，你要做出重大选择，然后你在余生享受这些早期选择的成果。

**佐证 1**

**（19 岁男性，大学二年级学生）**

我根本不知道前面还有这么多选择等着我去做。我在高中努力学习，力争考进适合我的一流大学。想到今后 10 年里做出的选择既能成就也能毁掉我未来的幸福，真是令人生畏。我知道这不是非此即彼的事情，但是关键区的概念一直在警醒着自己。我的朋友根本不知道这些概念，我看到他们冒了很多风险。目前我正在研究选择的大小，我对重大选择格外小心谨慎。随着年龄的增长，我最害怕后悔自己的选择。我对自己想要的学位还没有拿定主意，所以这个选择将是我明年要做的重大决定之一。

**佐证 2**

**（52 岁已婚女性，有两个孩子；航空业专业人士）**

作为两位专业人士的女儿，我很早就学会了努力工作。

我上大学是为了成为航空工程师。我坐在教室里上课时，周围都是一些男生；我心想，他们能做的任何事情我都能做。我要为自己今后在公司步步高升铺平道路。后来，在我大学四年级的时候发生了一件事情：我怀孕了！

随后生活发生了急转直下的变化，我犯了一个错误。当时我的下一个选择很关键，我拿定主意：把孩子生下来最重要。我离开学校时，只差几节课就能够拿到大学学位。这是令人望而生畏的失落，意想不到的经历；让人有一种强烈的挫败感。我的未来永远改变了。最后，我加盟了一家全球航空公司，经过多年努力工作，我的同事们提名我为主席俱乐部的首批高级成员，成为5万名员工中受到表彰的前100名员工之一。我既没有挂在墙上的镶框毕业证书，也没有名片上的醒目标题，但我找到了自己通向顶峰的道路！

我很遗憾没有取得大学学位。不完成学位的影响超出了我的想象。我就职的公司执行了公司内部的晋升政策，学位是必不可少的，但是我却没有。

离开公司后，大学学位对我的新工作岗位仍很重要。我获过奖，拥有工作经验，这对我有利，但有一些职位因为我没有学位只能望尘莫及。有了学位，我的职业生涯会更快地发展，薪金也会更高；我能够买一套房子，或者更有能力为退休多储蓄一些钱。

20岁出头生孩子经济负担很重，因为没有存款可用。这是最重要的选择，它改变了我的人生历程和期望。不过赢得的一个重要收获是：能够在我年轻有活力的时候享受天伦之乐，只要看到外孙们向我微笑就心满意足了。我知道，获得“生活”的学位才是我该走的完美之路。

## 中年阶段：重大调整的选择区

如果你像我那位聪明的兄弟一样，到目前为止在生活中只做出过正确的重大选择，你可以跳过这一部分。但今后还有很多时间，你永远不知道明天会发生什么情况。当我环顾周围的同龄人时，坦率地说，我们当中的许多人显然在上半生都遇到了麻烦。这种情况司空见惯。可能遇到的麻烦是以下一种或多种情况：

- 离婚 / 家庭破裂。
- 业务失败。
- 过于依赖他人（被劫持为人质）。
- 未能遇到合适的人。
- 没有足够的学识或技能胜任报酬更高的工作。
- 没有照顾好自己的健康，现在它影响了我所做的一切。
- 很少储蓄，或没有储蓄。
- 监狱、破产、吸毒。
- 受他人行为影响而落魄。

那么，现在该怎么办呢？不管以前发生过什么情况，我们仍然有自己想要实现的梦想和目标——但是我们如何恢复过来呢？如何使我们在过去那些年吸取的深刻教训有益于我们努力奋进呢？答案是：我们必须进行重大调整。承认自己的生活有必要进行重大调整可能使人感到心惊胆战。在任何时候采取这一措施，都需要诚实对待，思路清晰，相信自己能够在努力奋进的过程中做得更好。你只需拿定主意进行调整即可。有时这使人感到不稳定，而且应该感到具有挑战性，因为你想在人生过半的时候做出一个重要的改变：从过去的受害者转变为未来的主宰者。在这个重大调整过程中，你必须勇敢坚定，也让你最亲密的朋友参与你的努力。他们的支持会让你心里感到安慰。

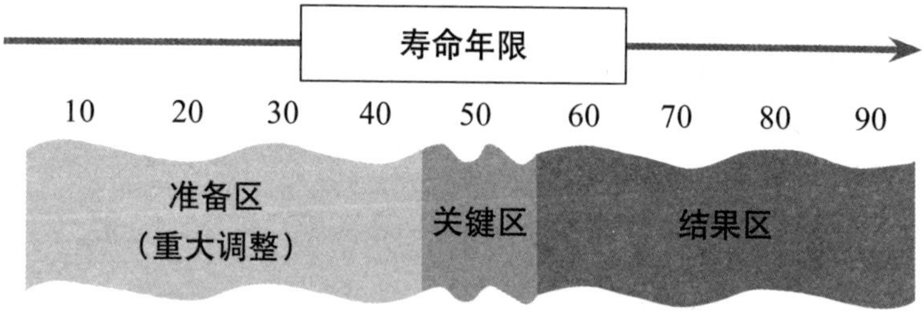


**重大调整是我们对今后的生活采取的一种新策略新方法，早调整，早受益。**重新调整中年努力的方向会改变选择区的情况，梳理经验，压缩时间。在重大调整中，以前的年份全被抛入准备区，接下来的10年便是关键区，无论我们的年龄有多大。我们必须停止自责，轻装上阵，以防干扰到新的扩展准备区，积极利用今后的10年时间实现下一个目标，重新塑造自己与未来。

我们将这种智慧作为过去的“准备”，并为我们的生活修改成功的定义，努力奋进（你看到关于“成功”的对话正在变得多么重要吗）。从调整之日起，我们用接下来的10年时间做出重大选择。这样会压缩之前的关键区，但它是一种梳理过去，重新开始的积极方式。需要理解的重点是，我们的起点是我们今天所处的位置，拥有所有的资产和瑕疵；进步将从这里开始，而不是从我们过去的某个地方开始。

### 重要的调整时间表

先要学习，然后做重大的选择；接下来重新学习，校正，重新启动，然后在你的余生享受着这些选择取得的成果。

**佐证1**

**（48岁已婚男性，有3个孩子；企业家兼作家）**

在经历了2009—2011年的惨淡时期之后，我——卑微的作者，在2012年对自己的事业进行了重大调整（也是我最大的投资）。当初由于选错了合作伙伴，再加赶上经济大萧条[6]与一家苦苦挣扎的银行，所以导致了经营失败。

6. 经济大萧条：此处指2007—2009年的全球经济危机。

作为一名企业家，15年的辛勤工作和数百万美元的收入，结果都化为乌有，这种失败有着惊人的冲击力量，使我的心灵受到重创，使我质疑自己的精神状态，让我不停地质疑自己，责备别人。最终，整个混乱局面需要我在经济上从头做起。对于我这样一个为成功而计划一切，但却没有掌控住局面的人来说，只能是一次迫不得已的从头做起。我只能坐在那里，承认现状。大学毕业后我一直是位企业家，但是我不能立即在一个全新的行业里创业并借此来支付因家庭人丁兴旺而需要增加的支出。这是一个艰难的时刻，我经历了一次调整，但直到后来才意识到。

首先我让自己变得谦逊了。是的，我变得非常谦逊。失败自有这样对待我们的方式。在这个过程中我原谅自己，承认我并不完美，世界也不会完美。虽然我以前可能过于自信，但我后来却非常保守地看待对自己以及自己过去取得的成就。最后，谦逊一直非常有益于健康——至少对我来说。

我更珍惜那些对我真正重要的人和事：我的家人，几个朋友，我的健康，还有一个爱好（捕猎）。

我把所有的人生教训全都转移到过去，把它们放在了准备区。

我严格调整了我的开支，这样我就不用在开始下一次冒险时担心收入问题了。事情的等级总是可升、可降的。

我重点专注于创造一些具有持久价值的东西，一些让我兴奋的东西。我提高了将我最好的想法转化为真正的产品与业务的能力。

我创造了一套新的选择原则，因为在我的人生计划中，我还有一些事情需要迎头赶上。这些原则有许多在本书中均能见到。

人们问我："如果你能回到过去，重新体验你的关键区，你会不会避免这样的重大调整？"在我看来，我不会这样做，因为它改变了我的价值观，我的为人以及我认为重要的东西。我们无法后退，所以只能前进，把它变成一个机会。我深信，在我们的人生旅程中，重大调整可以是一次奇妙的过渡。

**佐证 2**

**（50 岁离婚女性，无子女；企业家）**

当我的生意关门时，我觉得自己的安全之舟翻了船，我被困在急流中，混乱、困惑，迷失了方向。我最初的本能反应是恐慌，于是开始去抓看起来感觉坚实的任何东西或人。然后我停下来，深吸一口气，将目光放远，略过最简单最熟悉的解决方案（继续做我一直做的事情）。我开始评估我目前面临的状况，问自己：我做过的有效选择是什么？错误选择是什么？我可以放手哪些选择？我可以用哪些选择来支撑自己的未来？我置身于其中的汹涌急流，是否同当初感到恐慌时一样又深又险？我真的检查过河水的深度吗？也许我只需要站起来！或者在下游漂浮一段时间，这样我可以看到更好的选择。

我的思绪由我应该干什么工作，转向我的人生应该是什么样。我目前的工作（或者说没有工作）使我压力很大。因此，在评估了我喜欢与不喜欢的事物之后，我发现了无数机会，可以让我利用过去的经验与专业知识，而不必死守着令人失望的同一份工作。我看到我的未来不仅仅是一份工作或一个头衔。我想要过更好的生活！

一旦我专注于将自己过去的选择划分为有效选择与错误选择，以同样方式关注我的现状就容易多了。惊慌失措是个有效选择吗？在趁我没有重复自己的不良习惯之前，放慢脚步思考几天是个好选择吗？

按下“调整”按钮，意味着我找到了自己的努力方向。今后我不再一心要“找一份新工作”，而是要努力寻找新的机会，使自己活得开心快乐。这意味着重新评估我以前在哪里花费的时间（在更有成效的社交活动中，或者与朋友一起，他们增强而不是耗尽我的精力），重新评估我的职业生涯（寻找其他咨询、发挥创造力与分享知识的方式）。一旦意识到我自己做出的选择对自己没有什么益处时，我便可以开始做出对自己有益的选择，这几乎立刻使我的生活发生了一些重大变化。

## 重大调整保险

如果我们不想今后被迫进行重大调整，就必须在关键区首次做出选择时积极掌控这些选择。处理好本书中阐述的各种概念，便没有必要进行重大调整。在对我的那些中年同事进行访谈中得知，大多数决意从头干起的人认为，他们只是希望收回在关键区做出的几个重大选择。现在他们很重视选择，因为他们伤害过自己，但是他们在早期的生活中并不在意选择。这正是我想要改变的心态，也是我今天要告诫我的孩子们的事情。

有人要赢，有人要输，我就是要让另一个人输。

——彼得·罗斯（Pete Rose）

就像在每一场比赛中，总会有获胜者脱颖而出。因此，如果你今天的每一个竞争对手都擅长做选择，你的人生道路将更加艰难。并非每个人都能够完善人生选择以实现自己期望的目标，大多数人倾向“接受”他们最后的结局。你总是可以接受低于自己最初所期望的结果，我认为你可以做得更好。让我们把眼光放长远一些。

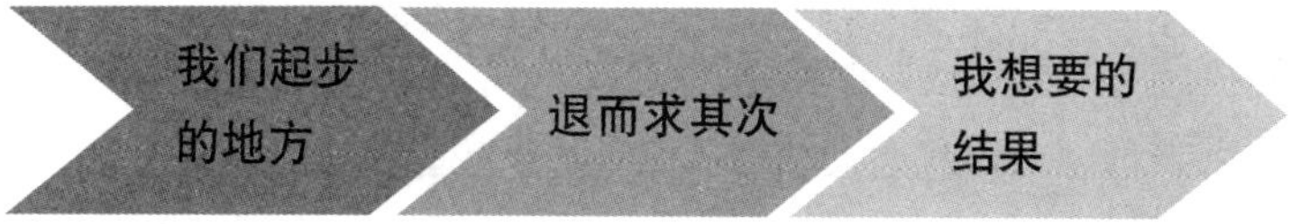

我们的社会奖励什么？谁能进入最好的学校？谁得到领导职务？谁得到了有价值的实习职位、工作与晋升机会？谁会被选中？

答案是：最适合选择者的人。

那么，人们通常想要得到什么呢？

答案是：稀有、非凡，令人愉快或有价值的人或物。

那么，当我们试图战胜困难（与其他人竞争我们想要的结果）时，对于选择的一般性质，我们能得出什么结论呢？

答案是：有关我们自己的选择应该帮助我们变得更加稀有、非凡，令人愉快或有价值。

我们正在探索在追求个人目标的过程中如何战胜竞争对手。每个人都在为自己做着同样的事情。成为赢家，就是实现你对成功的定义：今天的成功，这个月的成功，明年的成功，一生一世的成功。你决定着成功的前景。

在过去，我憎恨那些拥有起步优势的人。我觉得他们的成功概率越来越大，这是不公平的。在州立大学就读的学生，怎么能和父母负担得起常春藤大学学费的学生竞争呢？当我遇到更多拥有较大早期优势的同龄人时，我很清楚他们更有可能获得更高薪金的工作，但他们成功的机会可能和我一样，或者比我还少。这是因为我意识到“成功”不是我的银行账户，不是为一幢大房子支付高额房产税，也不是每周工作60多个小时。使人们“成功”的是幸福。幸福就是人们对于自己的梦想感觉良好，对于为实现这些梦想所做的选择感觉良好。如果两者都有，他们往往就会成功。所以，不管你和我从哪里起步，如果我们把这种选择观点应用到自己的生活中，我们成功的概率会更大。

## 个人练习 3
## 盘点重大选择

完成这个快速练习，列出迄今为止你能够回想起来的最重要的个人生活选择。记住，重大选择可以是选择做某事，或者不做某事。在做这个重要练习时，请亲手写下答案。也许要另用一张纸记录下你的想法。

日期截止到_____年_____月_____日

选择类别：教育

迄今为止，我做出的最大选择是：

________________________________________

选择类别：伴侣

迄今为止，我做出的最大选择是：

________________________________________

选择类别：生育

迄今为止，我做出的最大选择是：

________________________________________

选择类别：社交

迄今为止，我做出的最大选择是：

______________________________

选择类别：环境

迄今为止，我做出的最大选择是：

______________________________

选择类别：职业

迄今为止，我做出的最大选择是：

______________________________

选择类别：债务

到目前为止，我做出的最大选择是：

______________________________

选择类别：健康

到目前为止，我做出的最大选择是：

______________________________

选择类别：爱好

到目前为止，我做出的最大选择是：

______________________________

选择类别：好奇心

到目前为止，我做出的最大选择是：

______________________________

选择类别：合作者

到目前为止，我做出的最大选择是：

______________________________

选择类别：违法

到目前为止，我做出的最大选择是：

______________________________

# 5
# Chapter

## 成为优秀决策者 = 展现人生特色

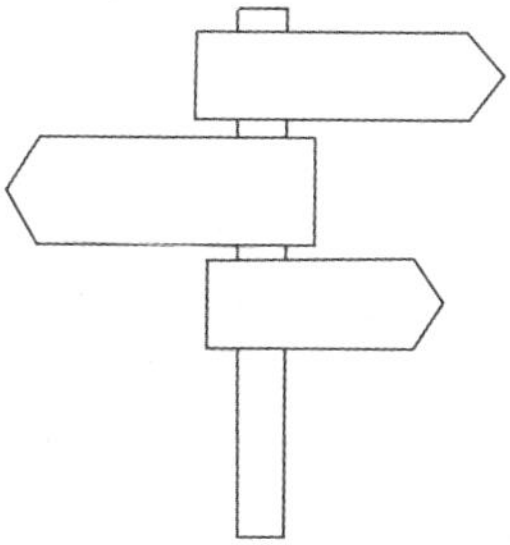

如果我们暂时扮演拙劣的决策者角色，那么相比之下，谁是优秀的决策者呢？不妨想象一下，你正在参加一个大型聚会，大多数人并不熟悉你。你正在寻找优秀的决策者。你如何找到他们呢？环顾室内审视每个人，眼前的情景很容易就成了一个化装舞会，每个人的脸都是伪装的。他们的外貌对我们现在所做的选择没有多大影响。然而，聚会上既有不少优秀决策者，也有不少拙劣决策者。我们如何分辨他们呢？

我会用另一个问题来回答这个问题：什么样的特点会引起“我见过这个了不起的男孩或女孩”这样的反应呢？当然，经过一些交谈便会有这样的感觉。用我们的共同语言来说，我们每个人体现出什么可以衡量的特点呢？我认为，我们在闲聊时提出的问题，会引出一些为揭示某人选择记录提供重要线索的答案。你是否意识到，你实际上是针对以往的个人记录对别人进行访谈呢？

**“你是做什么的？”**——表明职业、教育选择以及职业上的地位（同时计算年龄以衡量他们的进步速度）。

**“你从哪里来？”**——表明他们从哪里开始，他们已经走了多远（同时计算他们的年龄，以衡量他们前进的速度）。

**“你的兴趣是什么？”**——表明他们的选择是世俗的，全面的，具有竞争力，或者他们是终身学习者。

**“你的朋友是谁？”**——表明他们与谁有来往，为你提供生动的选择证据，证明他们重视什么，如何利用他们的时间。

**“你怎么花钱？”**——这是一个轻描淡写般的问题，却很能说明选择情况方面的情况。答案涉及他们的外表、故事以及有关他们的生活面貌评论。

**他们问你的问题**——啊哈！这不是单方面的对话。我们洗耳倾听他们提出的问题。这些问题往往表明他们重视什么。他们讨论深层次的话题时，谈得深刻，分析到位，畅所欲言。讨论天气与推特时，他们会谈得很轻松。如果别人提问题时逻辑清晰，很有条理，那就很有启发作用，而细节会告诉你他们重视什么。

**自信**——我们总是对“平静自信”的人做出积极反应——这是一种比较微妙，并不刻意去打动别人，对自己心满意足的姿态，好像是在陌生人面前表现出一副沉浮全凭自己的架势。这是一种无言的展示。很简单，平静的自信是很难伪装的。因此，你看到的自信（如果是真实的）来源于他们当前做出的成绩，其底气则是他们现在为自己的选择及其结果评定的等级。

想象你要离开那个聚会，然后总结一下你对遇到的那些人所了解的情况。你很快就会知道一个人是否擅长做出选择。要相信你的直觉，因为你的头脑一直在累积这些信息。问题是：如果你在这个聚会上遇到自己，你会评价自己是一个优秀决策者吗？

## 脱颖而出：优秀决策者

运气不像你想象的那么随机出现。在那张彩票中头奖之前，必须有人买。

——维拉·纳扎里安（Vera Nazarian），

《灵感的万年历》（*The Perpetual Calendar of Inspiration*）作者

你之所以在乎谁是优秀决策者，是因为你想成为一个优秀决策者！在每一个群体中，优秀决策者总会脱颖而出。他们都是可能获得成功的人，也是很好的合作伙伴。他们能用比别人少的时间做更多的事情。他们都有一些感人的励志故事，依靠自己的进步而不是公共关系吸引众人。

### 独一无二的我

我们的生活无法与任何人的生活相比，因为我们从不同的地方起步，从那时起每天都有不同的经历。我们有不同的个性、价值观、资源与欲望。所以，我不能走在虚拟杂货店的购物通道上，从现有的产品中购买“快乐”“满足”“快乐”“挑战”“教育”或“富有”。根本没有我们可以采用的“预先包装”计划来使我们实现自己的目标，我们只有依靠自己生活中的食材学会为自己做饭。这种方法不需要运气，而且对你极为有利，因为你了解自己，你的掌控能力大大超出你的想象。

## “我有这个”：4个自我辅导要点

- 我们在生活并且指导自己的生活，这不能与别人相比。他们出生时与我们不同，从不同的环境起步。因此，不断将自己与他人进行比较，这对我们的心理是不公平的。
- 今天的进步是以我们昨天的处境来衡量的，而不是通过将自己与他人或社会的期望进行比较来衡量的。
- 我们在管理自己与未来方面不断进步。如果我们有观察力，避免骄傲，我们就会进步。
- 在什么对你奏效这一点上，你只能相信自己的直觉。所有其他意见都必须打折扣，因为它们没有你的视角或风险。

如果你愿意接受以上四条忠言来指导你的生活，你会看到以下练习具有的力量。让我们开始吧！

## 一个范例：用选择来“炒作”成功

想象一下你是厨师，只负责做汤。现在你自己拿主意。可以放入汤中的配料分为下述几类（请考虑你今天可拿到几类配料）：

- 上帝给你的。
- 父母给你的。
- 到今天为止你学习掌握的。
- 你自己收集的。

- 你自己独立创造的。
- 摆在你面前的所有机会。

你如何知道汤的味道有多好？你如何知道何时获得了成功？问问自己，成功的汤应该是什么味道？要是以前品尝过，你会记得的。要是没有品尝过，你必须了解努力目标。如果你能详细描述自己的期望，就会避免在生活中不断尝试；当你看到它时，便知道已经成功了。你需要知道汤被做出来的味道应该是什么样。

在尝试做汤之前，了解你掌握的配料至关重要。你缺少一种必要配料吗？如果是这样的话，怎样能得到它，使你在需要它的时候可以方便使用？如果你缺少一种必要配料，比如西红柿汤，你需要现实一点，应该选择一种不同的汤来做。

谈论或垂涎别人的配料毫无意义，因为它们不适合你用。如果你喜欢别人在汤里放的配料，就必须设法使自己也获得那种配料。讲究实际在这里很有帮助。事实上，它可在某种程度上让你摆脱困境。现实情况多种多样，比如：

“我没有长着布拉德·皮特（Brad Pitt）那样的容貌，所以我需要用我自己的脸。”

“我没钱去常春藤联盟大学读书，所以我需要接受我能负担得起的最好教育。”

“我没有发明脸书（Facebook），但是我也要发明一些东西。”

“我有销售的天赋，所以我需要施展这种天赋。”

“我想成为一名企业家，但是不知道怎样做；我最好知道怎样做。”

别把汤做坏了！一旦添加了一种配料，就无法把它取出来，对吗？一个错误选择可能会破坏汤的质量，要想再把这批汤的味道调好并不总是行得通。把汤做坏了，可能需要重新再做；这样做代价高，又需要额外时间，应该尽量避免才是。

那么，哪些传统的烹饪选择往往会破坏汤的制作结果呢？（阅读时要牢记你的现实生活。）

- 放了太多配料（比如食盐），破坏了汤的味道。
- 在需要的时候找不到所需的配料。
- 把汤煮沸。
- 聘用我们不应该信任的其他厨师。
- 做错了汤。

## 知道何时应该从头再做新汤

汤做坏了，加多少调料也不起作用。在某种程度上，不管你费了多少事，汤必须倒掉，从头再做。这适合于各种职业、人际关系以及自制的饼干。当你发现无法挽回时，应该做出正确选择，重新开始。

### 如何知道自己是做这种汤的大厨

回答 1：我们将自己拥有的配料发挥到极致了吗？

回答 2：我们是否感到满意，而且愿意吃自己做的菜？

## 成功不断：连续好决策

连胜：一系列连续成功，好运不断。

在体育比赛中，连胜是指连续数场获胜。连胜者可以是一个球队，比如棒球队、足球队、篮球队或曲棍球队，也可以是运动员个人。

决策上的连胜概念就是“连续好决策”。**就选择而言，“连续好决策”指的是接连组合运用一系列有效选择，就像棒球运动员接连取胜一样。**对于连续做出的选择而言，下一个选择更加重要，因为有利于你的发展势头已经确立……你会注意到连续好选择带来的益处。

**职业棒球击球手的挑战**

在一个赛季中，击球 .250 和 .300 之间的差别仅仅是一周多一次命中！那可能是一个“长眼睛的地滚球”，或者是一垒手头顶上的一个腾空球！更重要的是，也许更容易的是，凭着不在糟糕的球上挥杆，每周可少出局一两次。

击球手正在做着各种选择！每周再做出一个有效选择，便可让这名球员签到数百万美元的合同，而不必去参加次等联赛，也不会面临着被裁减的危险。做出一个有效选择，一周内再多赢一次！

“连胜”的击球手是很火的人物，因为他们的选择与状态正在渐入佳境。即使他们在感觉不完美的日子里，仍然可以获胜，因为对手无法胜过连续赢家的高超选择。诡计不起作用，基本功与精神状态在大多数时候都是取胜关键。

如果我们清楚地记得“我们正在寻找机会投出好球”这句话，看清势头并避免投出坏球，也许我们可以在自己的选择中做得更好。这可以带来多大的自信啊！

## 常见连续好选择的职业事例

你和朋友一起去参加工作聚会吗？这很无聊，但是你可能会遇到一个有趣的人。

• 选择：我去。

在工作聚会上，你是先介绍自己，然后同陌生人攀谈，还是大多时候保持沉默？陌生人往往会带来新的惊喜与机会。

• 选择：同陌生人攀谈。

你遇到的一个人透露了你觉得有意思的工作职位。你要求职吗？如果求职，你就有可能得到一个新的机会。

• 选择：求职。

他们向你提供了这个工作机会，你接受吗？你的连续好选择为你提供了接受新工作的机会。你会接着做出选择，接受这份新工作吗？

所以，三个小选择引出一个大选择。如果你不重视连续好选择的价值，那么就不会有后来的重大选择。一些选择只有在做出第一个决定后才会体现出来。只需专注于做出最佳选择，选出最佳方案，这样便可以为你带来前所未有的最佳结果。

你有没有在市区开车时连续遇到多个绿灯？效率多高啊！连续好选择也给人以同样的感觉，对获胜产生推动作用。决定每天去健身房可为你实现健身目标产生推动作用，决定学习新东西是成为新人的第一步。成功人士倾向于将连续选择组合在一起，他们期望能够继续做出连续选择，因为他们已经习惯了这样做，并且高度重视由其带来的结果。

## 巨大效应：运气与欺骗

知道你现在处于什么水平很重要。我知道我现在处于什么水平。你如何从现在的水平向着你期望的更高水平发展？我认为你必须对生活充满热情。你必须有一个梦想，有一个目标。你必须愿意为此付出努力。

——吉姆·瓦尔瓦诺（Jim Valvano）

20 年后，两位高中同学在同学会上第一次见面了。她们在同一个城镇长大，有着相似的父母，读同样的高中，接受同样的教育，有着相似的成绩和相似的目标。20 年后，一个同学兴奋地谈论着自己的生活与未来愿景，而另一个同学则心不在焉地听着，只希望自己也能用这样的方式说话。为什么会这样呢？造成这两位昔日高中同学当今差距的唯一原因，很有可能是其中一方的选择倾向，而不是另一方的选择倾向。20 年来，选择的数量与质量，以及由此产生的经验对她们的生活产生了巨大影响。

这样的故事无处不在。有些人“运气好”，另一些人则必须加倍努力。事实上，努力工作包括仔细思考。最后，不可否认的是，一系列重大选择在那些自认为成功的人与那些自认为不成功的人之间造成了巨大差异。做出的好选择，会极大地影响着幸福感、满意度、收入、健康与生活的灵活性。所以，不管你从哪里起步，无论你现在境遇如何，都可以做出一连串取胜的选择。你可知道，你的第一个成功选择就是阅读本书吗？

## 运气与欺骗

我在高速公路上开车，想着自己的事情。当我在下一条车道上超过一辆半挂车时，它开始驶入我的车道。啊哦，那位司机看不到我。即使这台巨大的机器想把我的车撞翻，我也不会让它减速。所以我自己有一个选择：加速或减速，但现在就得着手应对。像这辆卡车一样，我们在生活中会遇到两件事，我们不能选择它们发生的时间，必须慎重应对：运气与欺骗。

好运当头自然美妙，但也是随机的。我们在遇到好运气后做出的选择，是利用运气来推动生活前进动力的关键。运气可以产生极大影响。遗憾的是，人类通常在运气赐福后做出错误选择。看看大多数彩票中奖者的记录，就能证明运气后的选择极其重要。当我们认识到好运来临时，应该珍惜它，呵护它，就像对待一朵新鲜的插花一样。可能只持续一天。在这种心态下，我们或者把各种益处存在银行里，或者把运气当作梯子爬得更高。让运气发挥作用，这本身便是一个选择。

另一方面，人们的意图也是我们无法控制的。人们会对我们撒谎，我们不能控制他们的动机和诚实态度。就像运气一样，一旦我们掌握欺骗的证据，就要做出选择。我们必须减少受到对方伤害的可能性。随着时间的推移，我们学会了察觉行为、言辞与肢体语言中的欺骗动机。然而，爱、希望与贪婪会使我们蒙蔽视听，察觉不到有关线索。在预防上当受骗方面，要相信你的直觉。若论察觉欺骗，最准确的莫过于人类的直觉。欺骗时有发生，我们可以做出一个继续前进的正确选择。有时，继续前进需要身心恢复，但这仍然是在前进。

欺骗，写在欺骗者的眼睛里。不然为何职业扑克玩家会在牌桌旁戴上墨镜来遮掩他们的眼睛呢？当一个人心怀歹意时，像正常的眼神接触、看向别处、斜视、眨眼、集中注意力等微小细节都会发生变化。每当我同别人探讨或商议任何交易的重要事宜时，我都会面对面看着对方。如果我不能在同一个房间与另一方见面，我们便打电话交谈。我仔细倾听对方声音的变化（压力）、停顿和情绪表现（愤怒、冷漠、轻率）等细节。我需要尽可能收集所有线索。但是我注意到，电子邮件和短信会使我们的眼睛和耳朵脱离两个重要的本能探查环节：观察与倾听对方。电子邮件、社交媒体帖子与短信都是经过精心推敲的沟通方式，因此不要依赖它们来评判某人，要用你的眼睛和耳朵紧紧盯住易使你吃亏上当的那个人。下一个有效选择是：在这一新发现的脆弱性对我们的生活造成进一步的损害之前，离它远一点。如果这是你得到的第二次或第三次提醒，而以前没有听进去，那就帮你自己一个忙，赶快采取行动。

# 6
# Chapter

# 走出选择误区 = 清理人生障碍

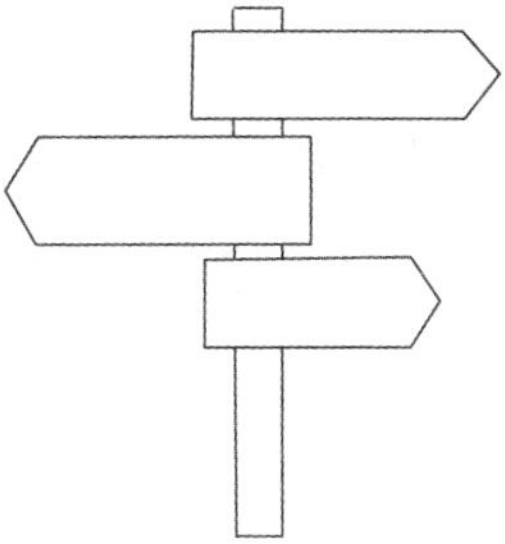

既然我们已经认识到选择在我们生活中具有不可思议的重要性，并且可以清楚地看到我们可以主动把握成功，就让我们来深入探讨人类是如何做出错误选择的。这样我们便可以把这些不良习惯留在过去，最终制订一个新的行动计划，发愤图强。现在我们来考察一下错误选择过程是如何发生的。

私下里我们对自己说：我们是优秀决策者，不是吗？当你评价自己过去做出的选择时，你是如何进行自我检讨的？事实上，我们有时都是拙劣决策者，但选择失误的数量与类型是区分优秀决策者与拙劣决策者的重要因素。现在就让我们探究一下拙劣决策者的特点吧！

## 缺失环节：行动之前的“为什么”

**道路的存在并不一定意味着目的地也存在。**

——克雷格 D. 德朗斯伯勒（Craig D.Lounsbrough）

选择中最常见的失败是根据我们的感觉做出选择，而不是刨根问底，探究原因，从而让我们更接近自己的人生目标。我们的感觉是一个不好的理由，而**目标则是一个好理由**。目标是我们的期望，是我们追求的目的。它依靠我们的利益，并通过观察别人，或者由那些建议我们做什么的人们，确立在我们的头脑中。

**常见目标**

- “我想要他 / 她。”
- “我想去这所学校读书。”
- “我想要这辆新车。”
- “我想要得到这个学位。”
- “我想要这份工作。”
- “我想要这个机会。”
- “我想搬到这个城市里去。”
- “我想要更多的自由。”
- “我想要更多的收入。”

## “为什么”

使我感到惊讶的是，当人们做出选择，采取行动时，很少有人会从“为什么”这个大视角来考虑问题。我认为其中有以下两个原因：（1）即时满足比长期利益或结果更容易识别；（2）目标不明确，因此他们无法对这些目标进行验证。“为什么”是我们选择“行动”的动机和理由。“为什么”这一点要适合我们的成功道路，有利于实现我们的目标。这是一个简单的问题：“这个选择会得到我想要的结果吗？”认清我们行动的理由，这比什么都重要。做事不考虑恰当理由，后果会很严重。

### 常见的选择理由

- “因为这有助于我实现自己的目标。”
- “因为这对我有益。”
- “因为这也是我想去旅游的一个地方。”
- “因为这是为他人该做的事或善事。”

## 好的理由与不好的理由

在选择过程中，如果不能够把你的“行动”同“为什么”的理由联系起来，这是个很大的错误，意味着你无法把当下同美好未来联系在一起。选择，就是将每一件事情同你想要的结果联系起来！如果你想结婚，为什么要和一个完全不适合做终身伴侣的人约会呢？如果你不想在自己目前从事的职业上取得进步，为什么还要干这个工作呢？如果你真的不想要什么，为什么还这么努力呢？

说得更简单一些，如果我们的成功目标要求自己减掉20磅体重，我们现在吃冰淇淋的理由是什么呢？我们刻意不问自己“为什么”，便要理清头绪……因为我们有犯这个错误的习惯，拙劣决策者永远不会改掉这个习惯，结果重要的目标仍然没有实现。

### 好的理由：一个有效的“为什么”发挥作用的方式

- 选择机会突然出现。
- 明确选择（你可能采取的行动）。
- 对于每种选择而言，哪种行动最有可能接近于实现你为自己设定的目标？

- 如果选择的行动让你更接近自己的目标，那就太好了！

**不好的理由：缩小不了差距**

每天我们都有可做的选择和选择……但是我们不这样做。为什么？例如，你可以下个月飞往巴黎，你为什么不这样做呢？答案是：去巴黎旅行并不是你实现重要目标的成功之路。如果是的话，你的行动就是前往巴黎！我们总是专注于我们想要的结果，特别是现在我们想要的结果。然而，我们未来想要的结果同现在很难联系起来。例如，有位大学生希望将来能被招聘到一家顶级公司。现在，他可以选择努力学习或喝啤酒。啤酒看起来很可口，而且同这份职业有关。他有一个选择要做。他是如何帮助自己的呢？

**我们帮助自己的方式是：将行动与目标联系起来，并给出理由。**行动是合理的，因为其理由可为未来的成功架起桥梁。如果行动不明确符合目标，那么我们行动的理由就是无效的，因为它不能为目标提供支持。如果我们继续选择一个无效的理由，这便是一个错误的行动。我们花费的时间、资金，付出的努力就会得不偿失。事实上，我们永远不会知道自己错过了什么，这有时是选择不当的真正悲剧。例如，如果你的家庭目标包括喜结良缘、生儿育女，你为何还在不适合结婚的人身上浪费时间？如果你凭着“无效”理由继续同这个人约会，结果却错过了遇到灵魂伴侣的绝好机会，那岂不是一个悲剧？

无效理由导致的结果完全是未知的，只有当你发现你和鲨鱼一起游泳时才体现出来。

## 干扰力量：不可忽视的负面情绪

如上所述，我们在做选择时有两种失败的方式。第一种方式强调相当有把握地认为，我们的选择（或理由）是正确的，因为它符合我们的成功目标。第一种失败方式的微妙之处在于：假定我们头脑清晰，能够合理思考。然而，情况往往并非如此。遗憾的是，我们每天都把自己（还有我们的头脑）置于不利的选择阶段，因为其他力量正在干扰我们的思想。因此，在我们改变主意后再做选择时，便出现了第二种类选择错误。**请向拙劣决策者作自我介绍，他就是状态最坏的你。**

### "拙劣决策者"可以毁掉我们所有人

我见过他：一个大恶棍硬闯进我的故事中，通过扰乱我的思想来破坏大好结局。他就是拙劣决策者。当我在思索着应该怎样做时，他是不受欢迎的。他就是状态最坏的你。

在我体现出善恶双重人格的时候，我也是拙劣决策者。在这种状态下，我可以轻而易举地破坏一个有效选择。我考虑问题不全面，也不理智。此时，局面与我的最大利益背道而驰。在这种情况下，我无法做出一个有效选择；我的时机很差。事实上，如果我做出有效选择的同时还是拙劣决策者，那纯属巧合。

## 拙劣决策者的特征

“认识你自己。”这是伟大的希腊哲学家苏格拉底的名言。他认为，为了做一个明智的人，我们必须“认识自己”。选择智慧在一定程度上就是知道自己何时不大可能做出选择。对于成年人而言，这就像知道你什么时候喝酒过量一样。认清这一点，然后小心谨慎行事。我们几乎每时每刻都能成为拙劣决策者。一旦你认识了自己，那么看清楚这种情况发生的方式与原因则是非常重要的。随后的目标是认识拙劣决策者何时登场，你的下一个选择会受到怎样的负面影响。

那么，是什么因素让我们成为拙劣决策者呢？轻而易举地看清这些因素难道不是很有帮助吗？它们都有一个共同点，那就是它们都是现在的因素，只适用于此时此刻。通过努力，许多问题均可迎刃而解。

### 绝望

当我们觉得现在没有任何选择余地的时候，我们就绝望了。我们可能缺少金钱、时间、精力或任何必要的解决方案。绝望无助于选择——它只会损害你的选择过程。绝望的情况与选择本身是分开的。从前面的章节中，我们了解到给成功下定义很重要。因此我们可以选择使我们非常接近成功的方式。在绝望的情况下，我们可从短期视角确定成功的含义。

“我没钱了。”

“在这个月支付租金就是成功。”

“这个选择比任何其他选择更能让我支付租金吗？”

拙劣决策者以绝望为食。一定要饿死他，不要让绝望影响到同你的选择有关的事实。

**匆忙**

匆忙制造浪费。

——本杰明·富兰克林（Benjamin Frankin）

如果生活没有陷入险境，就不必迅速做出任何有意义的选择。当别人要求我们赶快做出选择时，我们每个人应对这一压力的方式均不相同。如果我让你匆忙上台发表即席演讲，你也许从容应对，也许不是这样。如果紧迫压力来自除你以外的任何人或任何方面，匆忙行动都不是什么好事。匆忙会使拙劣决策者冒出来，“可当时我必须快点拿定主意”就成为造成不利结果的借口。换个角度来看，匆忙选择节省的时间随后有可能用于处理令人遗憾的结果。

停下来问问自己：“急什么？”匆忙选择从来不会获得最佳结果。你的紧迫感是由你本人造成的，或者是由出色的推销员造成的。两者都不要理睬。机会很少是在几分钟之内失去的。也许只在极短的时间里给你一个令人惊异的选择，但是你必须立刻拿定主意。令人满意的持久职业、合作关系、婚姻、公司、休假与经历绝不是匆忙选择的结果。

“汽车推销员说今天销售结束。所以我必须拿定主意。”

“买到价格最适宜的汽车就是成功。”

“这样的汽车只有这一辆吗？我想再看看同样品牌的其他汽车。如果我明天告诉他们购车价格，他们不会拒绝我出的钱。我并不能因为他们这样说就匆忙拿定主意。”

战胜拙劣决策者的秘诀是永远不要让时间将你逼入困境。如果你发现自己被急于求成的需要所困扰，你面临的选择似乎很少，但不要玩拙劣决策者的游戏。要告诉任何有关人员：你正在考虑自己的选择。

**骄傲**

我们一直在通过骄傲来欺骗自己。但在普通良心的深处，一个轻微的小声音对我们说：有些事情不对劲。

——C.G. 荣格（C. G. JUNG）

骄傲是一种内在情感，有两个常见含义。在负面含义上，骄傲是一种夸大的个人地位或成就感；在积极含义上，骄傲指的是对于自己或他人的选择与行为，或者对于整个群体的一种满意的依恋感，是赞扬、独立反思或实现的归属感的产物。拙劣决策者与骄傲的消极形式（一种膨胀的自我意识）一起发挥作用。

随着这些年来我对自己了解得越来越多，我完全不喜欢骄傲对我的经历与各种结果所产生的影响。拙劣决策者这个因素绝对是笔者的致命弱点。为什么会这样？我得出的答案是，我的骄傲（甚至是虚假的骄傲）是力量的源泉（不管是否合适），我在最具挑战性的创业经营时刻利用它。

骄傲甚至有时也是我们在最不顺利时仅剩的一种心理支撑。但是，我最近才意识到，骄傲不是我可以利用的工具。从心理上讲，**骄傲是我们的内在价值观同外在世界之间的平衡因素，但它在选择上几乎毫无价值。**怎么会毫无价值呢？我们不能衡量骄傲，也不能用它来换取好处。它使我们处事不灵活，容易下达考虑不周的最后通牒。骄傲是谦逊（是的，我可能错了！）与磋商的障碍。骄傲与我们的选择无关。“收敛骄气”这句话现在适合于每个有自知之明的人。

拙劣决策者全靠着骄傲心气壮大自己，因为起作用的是情感，而不是通过客观的眼睛看到的确凿事实。击败拙劣决策者的诀窍是私下确认你处于骄傲的心态（无论出于什么原因），记下你和一个客观的人都会赞同的事实。从本质上讲，你不会记下让你头脑发昏的情绪，你会做出一个更好的选择。

**自尊心**

自尊心，与骄傲相伴，是我们对于自我价值与外表的一种感觉，有别于他人对我们的看法。我们是赢还是输？漂亮还是不漂亮？想象一下在童年时期你站在游泳池跳板顶端的模样。突然间，你的自尊心强烈地关注着那些盯着你的人，一时间盖过了你的其他直觉，使你忽略了手头任务或个人安全。你的腹部先着水，摔得不轻。哎哟。当我们的自尊心受伤时，为何感到难过？此时拙劣决策者便乘虚而入，他会欣然地不择手段地帮助我们尽快填补我们的自尊空虚，无论它对我们的选择产生多大的不利影响。

究竟是什么影响了我们的自尊心？我们应该在公共损失栏中添加一个项目吗？你的自尊心会因为以下几个原因而受到伤害：（1）现在你可能觉得自己不如你想象的好；（2）你看错了某件事或某个人；（3）你与失败有关；（4）你没有值得花费时间或资金去办的事情。

拙劣决策者依赖的是尴尬、自我怀疑，以及我们作为受害者的感觉等消极因素。一旦自尊心受伤，我们就会寻求立即修复，不考虑长期代价如何。人们去购物，开始一段反弹的关系，匆忙出售物品——这些行为基本上可让人在办事不力之后立即感觉好一些。自尊心受到伤害时，我们也会做出一些不该做的事情，比如说一些平时不会说的话，关上本应敞开的房门，考验那些本不该考验的关系。

做出明确选择的最佳方法是原谅拙劣决策者的介入，认识到受伤的自尊心并对自己说“我明白了”。要提醒自己，无论你的自尊心受到多大伤害，如果你以正直的态度行事，都不会被任何可能的挫折所束缚。认清客观事实，继续前进，拿定主意，努力达到成功之路上的第一个里程碑。一个直接的补救办法是主动接触那些爱你、支持你的人。

### 愤怒

愤怒的人并不总是明智的。

——简·奥斯汀（Jane Austen），

《傲慢与偏见》（*Pride and Prejudice*）

每个人都会发怒，这一破坏选择的因素比大多数因素更易理解。简单来说，“被愤怒蒙蔽”是一种真实的状态。我们会因此无法清晰地思考问题。人一发怒，拙劣决策者便接踵而至。这是对受到伤害的傲气与自尊心做出的反应，实属人之常情。我们会感到沮丧、失望，会遭到出卖背叛，并且撒谎；与人打交道，难免如此。我们甚至还会跟自己怄气。可以肯定的是，愤怒是暂时的。我们必须停下来，认识到自己是在生气，让怒气平息下来，让我们的头脑与直觉明明白白地思考斟酌那些必须拿定主意的事情。在这种情况下，只要保持冷静，拙劣决策者便很快被击败。作为一个适时的事例，如果特朗普总统能够控制他的情绪不发火，就可以避免大多数沟通交流错误，将表述自己想法的效率提高一倍。

### 恐惧与悲伤

从来没有人告诉过我悲伤的感觉就像恐惧一样。我不害怕，但是感觉就像害怕一样。有时，感觉像是轻度醉酒或脑震荡。在世界和我之间隔着一张无形的毛毯。

——C.S. 刘易斯（C.S.Lewis）

对未来的恐惧，或者说对于未来没有我们可爱的人的恐惧，会让我们寻找情感上的寄托。我们在做选择时可能目光短浅、易于冲动，因为我们只是想感觉更好。例如，一个经常遭受欺诈的受害者是寡妇，她必须在没有丈夫的情况下做出选择。把恐惧或悲伤的感觉与选择分开，这是唯一能够清晰思考并避免成为拙劣决策者的途径。

### 拒绝

*嘘声比欢呼声大得多。*

——兰斯·阿姆斯特朗（Lance Amstrong）

拒绝可以立即影响到前面谈到的自尊心与骄傲心态。如上所述，我特别想强调拒绝本身可产生不可思议的力量，会让拙劣决策者支撑局面。我们的想法常常遭到拒绝；我们在社交上会遭拒绝，因为我们没有被邀请加入某个群体；我们会在情感上遭到别人的拒绝；有时学校、客户、职业或公司也会拒绝我们。拒绝能造成什么伤害呢？在这种情况下，我关心的是拒绝如何影响你的下一个选择。拒绝让我们情绪化，不受欢迎，默默走开。这是一个低谷。连续多次遭到拒绝（多次遇到低谷低值）是非常痛心的一种经历。我们该怎么办呢？

你知道优秀决策者与拙劣决策者之间的区别；你知道在没有确切树立成功目标的情况下就做出选择的隐患；最后，你还知道拙劣决策者影响到每个人。所以，既然你知道这些，就要认识到如果你被拒绝了，那不怪你。拒绝是由另一方做出的选择造成的。他们可能有严重缺陷，但这是他们的选择过程……你也有你的选择。现在你的选择过程可能胜过他们的选择过程。所以，应该寻找你需要对方，对方也需要你的人或事，不要像过去那样让拒绝对你的视角产生那样大的影响。

### 疲劳

公式很简单：E+F+C=M。也就是说，兴奋（encitement）加上疲劳（fatigue），再加上困惑（mistakes）等于错误。

——拉特利奇·埃瑟里奇（Rutledge Etheridge），

《破坏分子》（*Agent of Destmction*）

疲劳的时候，我们在很多方面都很脆弱。如果没有新的活力储备，我们就不那么乐观（甚至变得悲观），我们会过于严厉地评判事物（例如，“我很讨厌这个”）——这有可能改变我们的观点。我们之所以变得脆弱，是因为大脑没有储备能量，因此降低了思考能力。拙劣决策者乘虚而入，掌控局面。如果我们认识不到自己已经疲劳了，那么我们沦落为拙劣决策者后必须在生活中面对不太理想的结果。这里的答案类似于愤怒：应该努力认清自己的状况，强迫自己停下来恢复活力。诸如“先考虑一晚上，明天再解决”或“明天情况会好起来”之类的话语，就是劝人停下来，让你的身体恢复活力，抓住机会。借用棒球运动的比喻，不要稀里糊涂就踏上本垒板，也不要拿个破球拍就踏上本垒板。

你在出击前，应该回到休息区，更换装备。如果你能做到这一点，拙劣决策者就不能干扰比赛了。

### 希望与乐观

我不太喜欢希望，事实上，我讨厌它。它是情感的兴奋剂，它很快钩住你，将你残忍地杀掉。这是坏消息，更糟的是，它是尖锐的棍棒，又是糖衣炮弹。当希望出现时，早晚会有人受到伤害。

——詹妮弗·唐纳利（Jennifer Donnelly）

《革命》（*Revolution*）

希望与乐观怎会对我们的选择不利呢？这是最难发现的特征之一，因为我们是天生充满希望的动物。利用希望，我们在现实中的巨大差距上架起桥梁。希望与乐观是面对世界的美好态度。但是，它们不应该用于选择当中。它们扭曲着现实。

他说："亲爱的，你愿意嫁给我吗？"

她回答说："可你是个酒鬼。我不能同酒鬼结婚。"

他说："我会戒酒的。"

（在这一瞬间，她架起了一座希望之桥。）

她说："那我就嫁给你。"

我很惊讶地发现，我本人还有我的亲密朋友之所以失败多次，原因就在于希望架起选择过程的桥梁。例如，想象一下你在买一辆看起来不错的二手车。你绕着车上看下看，又开了一会儿。在买车前，我们为什么不先驾车100里，随后再将车送到有资质的修车工那里检查一下呢?

当我们在某件事上（或某个人那里）寻找消极因素时，使我们的批判性思维能力遭到削弱的原因是我们用希望和新的信念来代替进一步挖掘探究，并相信事情总会很好地得到解决。我们急于向前进，不小心让希望决定着前进的大方向。

在工厂，我们生产化妆品。在药店，我们出售希望。

——查尔斯·鲁森（Charles Reuson）

露华浓公司（Revlon）创始人

再举一个更具破坏性的实例。我有几位中年单身朋友在网上找到了看起来同自己很般配的伴侣。一年内他们当中有两人结婚，一人订婚。然而每一个没有批判性思考而是依赖希望的朋友，都发现了令人遗憾的现实情况。我的朋友们觉得这些当初看上去好得不得了的伴侣也不再那么顺眼了！事实上，他们找的伴侣都是让他们感到伤心绝望的沉重负担，自己从未细心地考察过。他们是聪明人。究竟哪里出了问题?

当我们想要解决这么多问题时，批判性思维会出现什么情况呢？或者拒绝，或者心存希望，再就是听之任之。我们的选择越来越差。**希望本身不利于做出选择。**

## 抑郁

每个人都会在某一时刻感到抑郁，使拙劣决策者能够干扰选择过程的最隐蔽因素就是抑郁。我不是医生，但在长期处于压力的情况下我一直都很抑郁。我决定找出原因。你可以向你的医生咨询并在网上搜索更多有关信息。但是我相信，清楚了解大脑中的化学物质如何影响选择过程对你具有重要意义。

神经传递素是大脑中的化学物质，在我们的大脑与身体中传递信息，它们在被称为“神经元”的神经细胞之间传递信号。大脑利用神经传递素让你的心脏跳动，让你的肺呼吸，使你的胃消化食物。它们还可以影响情绪、睡眠、注意力集中程度与体重，并在失衡时引起不良症状。神经传递素可通过多种方式被耗尽。据估计，86% 的美国人体内神经传递素水平不理想。

有三种起“平衡”作用的重要脑神经传递素协同工作，能显著影响我们的感觉以及对人与选择的反应：多巴胺、血清素与去甲肾上腺素。我们的体内总是自然地产生这些化学物质供大脑使用。这些化学物质是几乎所有抗抑郁药物要达到的目标，为的是将它们提升到正常水平。然而，有些人天生缺乏这些化学物质。更常见的是，我们人类通过一些活动可以改变这些化学物质的水平。某些因素降低了这些化学物质的正常水平：长期压力，焦虑，疾病，遗传，睡眠不足，缺乏运动，神经毒素，饮食不良，药物与酒精滥用。我相信任何一个努力工作的人都会在某一时刻遇到这些因素，并经历同这些大脑神经传递素有关的抑郁状态。这是低谷时刻。

有关这三种化学物质及其对选择影响的更多详细信息，可以阅读接下来的“深入挖掘”这部分内容。我想强调的是，当这些化学物质受到抑制时，拙劣决策者就会乘虚而入，采取行动。临床抑郁症不仅仅涉及态度，观点，或者希望事情出现转机，这也是一个化学失衡问题。你要么有足够的化学物质，要么没有。如果你体内的化学物质含量低，说明你吸收的数量大于体内产生的数量。这就是清晰选择开始面临的问题。

**深入挖掘**

多巴胺是同注意力有关的主要神经传递素。当多巴胺水平升高或降低时，我们的注意力可能会遇到问题，比如不记得把钥匙放在了哪里，刚读完一段话就忘记其中的内容，或者只是做白日梦，无法专注工作。多巴胺也同我们完成工作的动力、愿望或动机有关。[7] 多巴胺激发快感，使人兴奋，可以改善你的总体满足感。多巴胺是大脑中的化学物质，可由咖啡因、可卡因和酒精刺激生成，给人以愉悦感。

基本上，我们通过饮食摄入各种化学物质，以提高我们体内的多巴胺水平。当多巴胺含量低时，我们就会进行自我

---

7. Neurogistics（神经医学期刊）在 2016 年 11 月 30 日刊“什么是神经传递素”，http://www.neurogistics.com/the-science-/what-are-neurotransmitters。

治疗，通过活动或者饮食，让我们体内增加一些可使我们感觉更好的化学物质。所以，深夜吃的冰淇淋就不仅仅是冰淇淋了！我们的大脑深知我们能通过做哪些事情来提高多巴胺水平，不过这些事情从长远来看却常常是有害的。

对于选择来说，体内多巴胺水平低使我们容易选择感觉良好的方案，而不是有利于我们计划成功的方案。多巴胺水平低盖过所有的“为什么”，直到它得到满足为止。因此，当我们通过饮食或者是一些短期内可提高多巴胺水平的做法进行自我治疗时，就不太可能达到“健美、健康”的境界。如果你像我一样检查自己的冲动行为，大多数行为只是为了暂时满足于调整多巴胺水平。要做出正确的选择，多巴胺水平是不可偏低的。

血清素，被亲切地称为“感觉良好”神经传递素，给人以整体的愉悦感。充足的血清素是稳定情绪、保持冷静能力的必要因素。血清素水平的高低可影响我们如何看待、给予并接受爱以及亲密行为。咖啡因会使血清素水平逐渐降低。血清素还调节许多其他过程，比如对碳水化合物的渴望、睡眠周期、疼痛控制、适当的消化以及免疫系统功能。

在选择方面，低血清素水平使我们容易成为拙劣决策者！血清素会极大影响我们对以上所有事情的反应：愤怒、匆忙、拒绝、打击我们的傲气，或挫伤我们的自尊心。血清素对我们的睡眠质量具有重要意义，会影响疲劳程度。所以，低血清素水平会极大地支持拙劣决策者。真是个重大发现！正常的血清素水平是良好的选择基础。

去甲肾上腺素影响着控制注意力与反应的那部分大脑。去甲肾上腺素影响心率，触发能量储存中葡萄糖的释放，并增加流向骨骼肌的血液量。它还能增加大脑的氧气供应。去甲肾上腺素水平的骤然上升会引起恐慌，稍高一点的去甲肾上腺素让你感到快乐，而含量很高时则能让你感到兴奋。由于去甲肾上腺素在调节我们的饥饿、饮食反应中发挥着作用，去甲肾上腺素水平低的人会感到非常饥饿贪吃，体重也随之增加。

去甲肾上腺素在选择的许多方面影响着我们。去甲肾上腺素水平低会使我们陷入困境，大大减少我们的精力与动力，让我们有一种无所作为的抑郁感觉，挥之不去。因此，低水平的去甲肾上腺素往往使无所作为成为我们的一个默认的选择。我们很清楚自己的成功目标，但是我们没有办法开展行动，此时我们就是拙劣决策者。因此，只要认识到去甲肾上腺素水平低并采取相应措施，我们便可以将拙劣决策者挡在门外。

**好消息**

以上三种神经传递素水平在我们的大脑中可以自然提高。如果这样不起作用，我们的医生可对上述一种或全部神经传递素给予帮助。这只是化学反应。最重要的是应该记住：我们正试图让大脑处于做出选择的最佳状态，而且我们不能让后门打开，以防拙劣决策者潜入并破坏我们的结果。

## 忽略后果：防止选择后果不可控

有时我们不知道自己是否有正当理由，我们只是想享受生活而不去想太多。即使头脑清醒（不是拙劣的选择者），我们仍然不能确定应该选择 A 还是 B。在这种情况下，我们必须考虑所有选项可能产生的结果。这是一个简单的练习：“如果我这样做，结果可能是_____。如果我那样做，结果可能是_____。”“如果我什么都不做，结果就是______。”当然，父母在我们成长过程中已将结果告诉了我们。为什么叮嘱我们不要接受陌生人的糖果，别在街上玩，别和不合适的人出去玩，别在外面待得太晚，别花不属于我们的钱。这是父母在为我们着想，避免不利后果。

为了增添乐趣，你可以通过简单的测试来了解你今天是如何考虑后果的。作为一个司机，在加油前你能让燃油表向下指到离“缺油”处多低的地方？“你在开车时油量能有多低？”我可以把燃油降到最后 10 英里，而且我经常这样做。为时已晚，并给汽车协会打电话求助，这样的结果我是可以接受的。而我妻子在油箱里还剩下 1/4 油量时就感到紧张，她的车通常都加满了油。

同我相比，她更重视后果。你是哪种类型的人？这是涉及宽容的个人判断，两者都没错。这反映出我们的个人特点。如果你对后果很敏感，你做出的选择必须只能产生让你容忍的后果。我们的选择结果真的很重要！成为一个精于推测任何选择后果的专家，可以让你走上理想生活的正路。这些非常重要的后果分为几种类型。让我们更深入地探究一番，利用常识做出更佳选择。

## 轻微后果：停止或减慢进程

最不具破坏性的后果是那些只会让我们减速，或者暂时停下来的后果，或者像在深雪中行走一样。它们会造成停顿，但不会让我们偏离预期的进展轨道。停止或减慢进展的后果可能需要说声“对不起”，需要再尝试一次，寻求帮助，进行重组，重新做起或转售。我们可以将其调整好，然后继续前进，就像换掉漏气轮胎，继续驱车上路一样。我们仍然会实现心中的目标，因为我们只是暂停了一下。

## 中等严重后果：需要清理残局

你有没有为餐桌旁的客人来回端着很多盘子或酒杯，使别人大为震惊？“我成功了！”你自信地说。但是，你却暗暗地认定，你有把握清理可能出现的后果残局。如果你失手将这些易碎物品掉在地上，用一个拖把和一把扫帚就可以在15分钟内将地面清理干净。比这更严重的是，有些后果需要我们停下来，付出更多努力去清理我们生活中出现的混乱残局。

出乎意料地收拾残局会使我们的火车头脱离正常生活轨道。收拾残局的后果可能包括放弃一切，分手，解散合伙关系，经济损失，搬迁，修复名誉，失去信任，失去爱以及伤害你的亲人。我做出的选择很少会带来需要收拾残局的严重后果，因为付出很大努力收拾残局会在一段未知的时间内扼杀我所有的前进动力。然而，有时收拾残局是继续努力奋斗的必要环节，涉及愈合创伤与重新调整。在这些情况下，我们会在有意识地、有目的地处理这类后果中，决心承担痛苦并在生活中继续前进。

## 严重后果：无可挽回

最具破坏性的后果是那些迫使我们改变自己，使我们的未来没有任何选择与灵活性的后果。

这些后果并不总是可怕的，有时也会产生一些包括克服逆境在内的美丽故事。然而它们肯定会迫使我们走上一条我们当初不会选择的道路。无可挽回的后果包括早孕、破产、残疾、刑事定罪、服药过量、意外事故、受伤与伤人。

我见过人们20岁到30岁的时候在重大选择上做出的错误选择，他们一生都在收拾这些选择带来的永久性残局。他们的发展潜力被腰斩了，由于面对永久性的残局，他们不得不下调自己的梦想档次。他们经常谈论无可挽回的不良后果给自己带来的遗憾。他们想：“如果是另外一种选择，结果会是怎样呢？”

## 做选择时想着结果：“我能处理好吗？”

所以，当我在做选择的过程中对合适的选择举棋不定时（即使在头脑清晰地考虑了各种理由与所有选择后）——我就要考虑结果。要问的问题是：“如果选择是错误的，我能接受由此产生的结果吗？”我能承受多大风险？就结果而言，我在这项决定中暴露了什么？有时，一项潜在选择所产生的后果很严重，无法处理。我不会做一些自己无法承受的事情。否则，我会永远责备自己。在有关人生岔路口选择结果的成本－效益分析中，如果一项选择的潜在代价高过其潜在益处，那么这项选择就会导致失败，尤其在产生无可挽回的严重后果时。

**考察生活中的一些实际事例**

- 询问是否有浪漫约会的兴趣：拒绝是否能抵得过一个“是”？当然了，浪漫主义者必须勇敢地使世界运转起来。
- 躲避车辆穿过街道：益处抵得过值潜在代价吗？显然不是。我们认为这样的行为太愚蠢了。
- 辞职创业：如果创业失败，我能再找份工作吗？我的家人能活下来吗？如果是这样，你为什么不辞职？

- 以你能承受的最高价格买房或买车：如果我不能在任何时候付款，我可以忍心失去它吗？
- 与伤害你的人保持合作关系：如果情况不见好转，我可以随时离开吗？我可以接受再次受到伤害吗？
- 无保护的性行为：我准备成家了吗？我是否准备为尚未出生的孩子做出生死选择？我愿意染上性病吗？
- 在我有机会的时候没有做什么：我会后悔永远没有尝试过吗？我因为没尝试过而责备自己时会有多痛苦？

## 兼顾多个重大后果

我在兼顾多个重大后果风险时，从未能很好地发挥过作用，我也不建议任何人这样做。这意味着你已经做出了不止一个可能会带来严重后果的错误选择。如果其中两三个同时出了问题，我们就会陷入强烈的悔恨与沉痛的收拾残局的过程中，无法自拔。这会毁了我们。长期赌徒与吸毒者经常这样做，因为他们的疾病削弱了他们正确评估后果的能力。我不建议“孤注一掷”，因为尽管回报可能很大，但是没有这种可能性我们照样可以活下来。另一方面，我们不能总是生活得很好，因为还有许多拙劣的选择后果会坠落到地球上。

**另一个兼顾多个后果的代价：长期压力**

当我们有可能遭遇潜在的混乱后果时，我们可以观察它，防备它，以便在它突然发生时能够有效加以应对。然而，假如这样的后果不止一个，我们的本能就会被唤起，我们的自然焦虑程度就会上升，使我们的身体长期处于紧张状态，直到威胁结束才会消失。长期紧张状态损害我们的健康，给我们带来了很多无法控制的压力。

我在生意上遇到过这种情况，感觉很难堪。我多年前的处境是：经营一个苦苦挣扎的企业，又摊上了官司，我的年轻家庭有着各种各样的需要。所有这些因素促使我下决心写出了这一章的内容。有可能出现的多种严重不良后果会造成一种直觉到的威胁状况。无论你睡着还是醒着，威胁都在那里。我们不能否认自己的本能，因为它们在那里保护我们。当本能使我们因可能出现的不良后果而感到焦虑时，它们告诉我们，要设法不再一次兼顾多个可能出现的不良后果，同时按我们自己的方法寻找突破口。

我做家长的直觉告诉我，不要让我的孩子在大街中间玩耍，如果他们出事了，我愿意接受的后果是有限的。作为丈夫和父亲，我要承担可能影响我的风险，但我不会承受可能严重影响我爱的人的风险。然而，我每年都要承担商业风险，这有可能极大地改变我们的生活水平。

但是，我不想因为兼顾多种后果让我最亲密的家庭成员和朋友陷入崩溃。我可以容忍亏损，但我不能容忍必须重新开始。以这种方式考虑后果，会使我不至于愚弄、伤害别人

(和我自己）。因此，我赌钱只是为了找点乐趣，我不冒健康风险，我不背负自己无法偿还的债务，我会以任何方式工作赚钱，以满足目前与今后的需要。总会有大学贷款，汽车失事免赔额、儿童背带、医疗账单（你可以再接着说），以及很多其他各种需要。

我不会冒险使自己无法去做应该做的事情。因此，当我做出选择并考虑后果时，无法接受的后果不会成为我的选择。有时，这会取消所有的选择，根本不做任何选择！

## 以后果为捷径

当正确的选择由于我们的原因（缺乏支持选择的首要目标）而变得不明确时，我们可以将后果作为选择正确答案的捷径。当你考虑到每个选项可能产生的后果时，找出你可能选择的后果类别：进展缓慢（轻微），收拾残局（中等）或无法挽回（严重）等三类后果。

后果类别应该告诉你选择值得考虑的程度。选择后果最可接受的选项是最佳操作，直到你在这方面确定了一个目标。根据我的经验，至少要考虑后果及其严重性，这样做会预防做出最愚蠢的选择。

## 走出误区：打破拙劣决策的魔咒

当你面对一个选择、一个岔路口，面对一个你可以接受或不可以接受的机会，或者一些你可以追求或舍弃的目标时，应该考虑一下三个问题：

- “为什么我要做出选择，我有一个合理的理由吗？”
- “我的思维是否清晰（或者我是个拙劣决策者）？”
- “失败的后果可以接受吗？”

希望问题 1 的答案（为什么）是肯定有的。因为你可以把选择和目标联系起来。如果是这样的话，那就太好了。这是对选择的巨大支持。如果你不确定，接下来的两个问题就更重要了。问题 2 需要你在做选择时诚实地对待自己的心态。你的头脑是否清晰，不受拙劣决策者的影响？如果没有，那么在做出明确选择之前，你必须消除成为拙劣决策者的各种因素。最后，对于你喜欢的选项，问题 3 需要了解你是否知道可能产生的后果并能够接受它们。在这一系列问题中，目标是得到肯定答案。我们确立了目标，理清了思路，审视了确凿事实，目的就是为了做出选择。

你能看到你的选择工具开始一同发挥作用了吗？我向你保证，你对选择的看法已经有所不同。既然知道了做出错误选择的方式与原因，我们就有能力去处理做出错误选择的感觉和后果。这一点我们将在下一章中进行讨论。当我们选择不当时，会发生什么情况？

# 7
# Chapter

## 看清选择痛苦＝减少人生遗憾

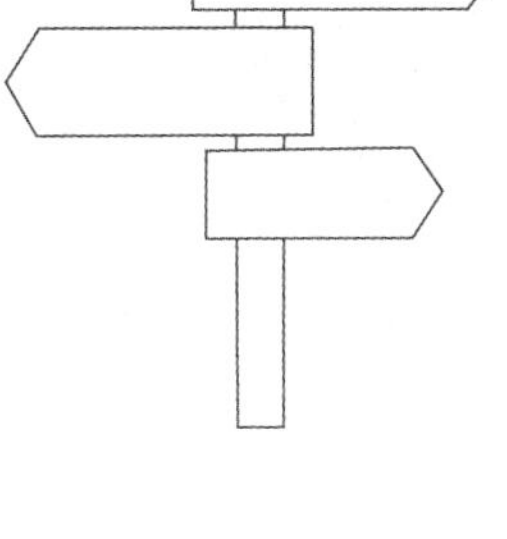

当我们做得对时，很少考虑我们的选择，因为我们期望是对的。拍一下后背，我们就能做出一连串的好选择。我们有动力，而且由于取得了良好结果，进展正在加快。然而，当我们对自己的选择能力没有把握时，自然会感到痛苦。另外还有选择失败造成的各种后果。

## 三种痛苦类型：伴有悬念与自我惩罚

在选择努力中，我们会经历三种痛苦，分别涉及焦虑、遗憾与后果。每个选择均伴有悬念与自我惩罚，有时持续几个小时，有时持续一生。这种疼痛如下图所示：

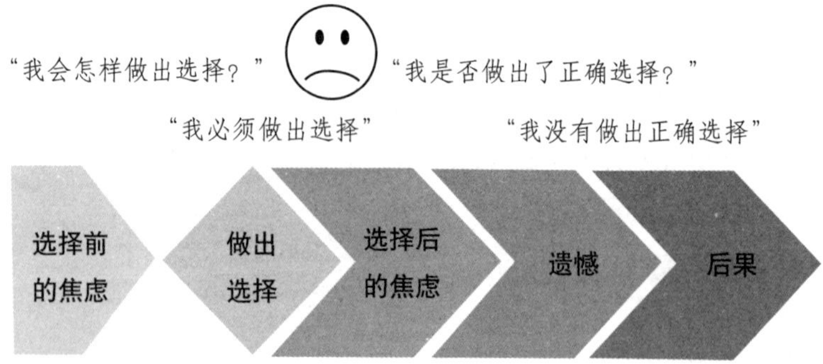

## 焦虑

**每个人都害怕做出错误选择。**我们在做选择前后都会感到焦虑。有些人在做选择前感到无能为力，仅仅是买车、签订租约或是情感上的承诺都会让他们心中产生巨大恐惧。对错误的恐惧会加剧选择焦虑，而选择焦虑又会影响我们的平静心绪，改变我们的身体状况。焦虑能使我们生病。

选择前的焦虑，因为我们对自己的选择能力没有信心而变得严重了。如果我们确信自己的选择过程可以奏效，就能够战胜焦虑，使我们处于一显身手的位置上。如果我们没有这样的自信，就会感到越来越焦虑，直到我们必须做出选择的时候。这可能很痛苦，而且肯定会为焦虑付出代价。

我们对重大选择变得越来越焦虑，这可以归因于我们的直觉。我们的祖先充分考验了我们的内在生存意识，使我们能够倾向于做出最适合我们的选择。当我们的大脑得知我们只是在运用反复尝试的方法做选择时，凭直觉它就知道我们可能处于更加不利的境地，有理由感到惊慌。所以，抑制焦虑就是削弱一个错误选择的有效警告信号。另外，当我们“注意到”自己的焦虑心绪时，最好这样提醒自己：一个选择就在我们脚下，发挥我们掌握的选择本领的时候到了。

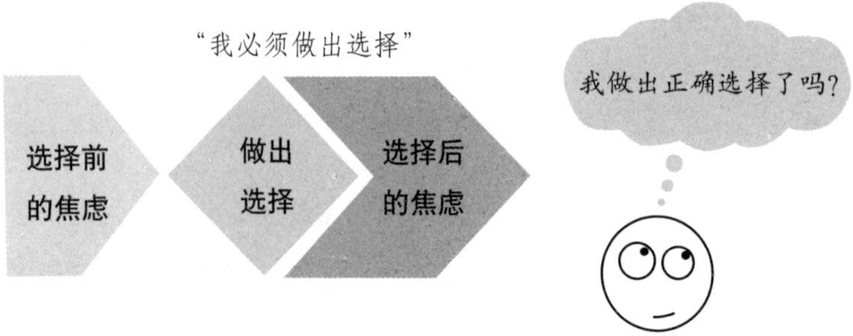


当我们运用反复尝试法时，选择后的焦虑程度最严重。而当我们将行动与目标联系在一起，并给出一个合理的理由时，焦虑程度最低。当然，我们都希望做出正确选择。如果我们发挥出自己的选择能力，也可以变得自信起来。信心总是能够降低选择后的焦虑。例如，如果你买了一辆新车，而且还是你试驾过的唯一新车，那么你在购车后的焦虑程度就会高于那位试驾过6辆新车，而且知道自己选择了最好的那辆车的买主。约会与婚姻也是如此。如果你只和你结婚的那个人约会，你在婚后的焦虑程度可能高于同多人约会过、知道自己挑选了最佳伴侣的人。

## 遗憾

当你得到确认时，对错误选择的焦虑就会变成遗憾。

——佚名

我第一次想到这句话时，便轻松地大笑起来，因为我一直在思考遗憾的根源。我一直在问自己：“遗憾的根源是什么？”从那时起，我就意识到，遗憾不是凭空生成的。相反，它是有来头的。确认失败这一环节一旦补上，过去的焦虑则会变成现在的遗憾。我们的焦虑（担心可能遭到失败）是假设性的，直到最终找到确凿的证据。

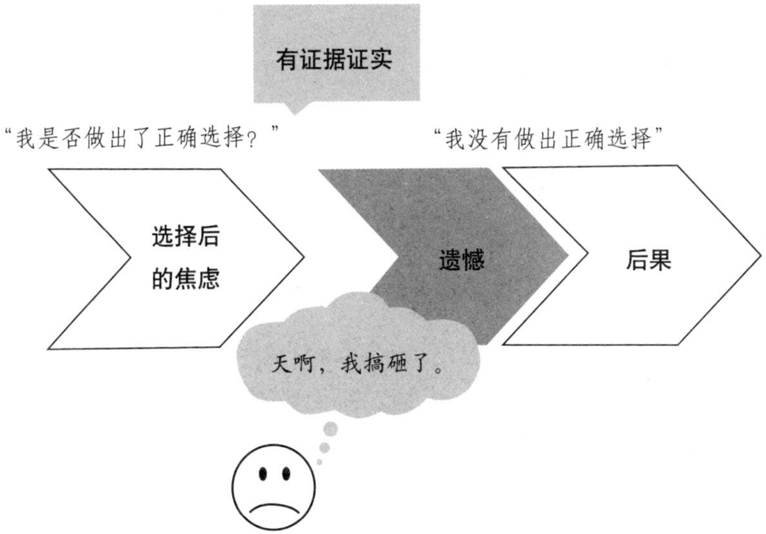


以下常见的遗憾情况，在得到确认前全都令人焦虑不安：

**短期遗憾**

- “我本应该点一些你点的菜”——我妻子在尝过我点的菜并确认味道非常可口之后，经常对我这样说。对她自己来说这太棒了。
- “我知道我们当时应该和你一起去”——我可以确认，我的差事也涉及我的孩子们喜欢的东西，但是他们当天拒绝了我的邀请。

- “我应该去听音乐会”——我对自己说的。那天我拒绝去欣赏我喜爱的乐队，一位朋友后来证实说：“效果棒极了！”

**长期遗憾**

- “ 我不应该和他 / 她分手”——这一点得到了证实：你后来见到此人成功、快乐，挽着别人的手臂……而且事后看来，这位比你已经选择的伴侣更让你动心。这是一个令人兴奋又伤心的证实结果，遗憾终生。
- “我应该追随自己的激情”——这一点得到了证实：当你意识到钱没有原来想象的那么重要，或者岁月的距离缩短了，消除了“某一天”的幻想，你会对自己这样说。
- “我知道我不能信任他 / 她”——这一点得到了其他人无法掩饰的证实。
- “我不该做那笔交易”——这一点得到了证实：一旦交易达成，金钱或时间就不复存在了，你除了一个教训，没有什么可以示人。
- “我不应该卖那辆车”——这一点得到了证实：每当你在路上看到一辆类似的汽车，你就觉得这是一款经典汽车，曾经给你带来别样的快乐。
- “当初有机会的时候我应该去旅行”——这一点得到证实：去过你那里的那个人后来出人头地了，或者你去哪里旅行的可能性变得日益渺茫了。

### 遗憾的幽灵（和代价）

遗憾的代价是每当有什么事情让我们想起以前的选择时，总是不断地琢磨“我们当时应该做什么”这个问题。这就像我们一生的赎罪，一个选择让我们服刑一段时间或整个余生的刑期。遗憾是很大的代价，因为每次我们感到遗憾时，我们当前的奋斗动力都会暂时停顿下来，消极情绪撞击我们的心灵；我们必须强忍住自己信心遭受的打击。遗憾简直就是吸血鬼。

遗憾……在我们的内心挥之不去。为什么会这样呢?

我们的内心唤醒了遗憾的幽灵，原因很简单：最初的选择至少面临两个岔路口；从那时起，事实已经证实其中一个是错误选择。如今我们在内心里只会将当时的选择同后来证明是正确的那个岔路口联系起来，使自己备受折磨。而且，这情景就像幽灵一样，一直存在下去……萦绕在我们眼前。只有在我们自信地认为当时我们做出了一个最佳选择时，遗憾的幽灵才会沉默下来。

## 摆脱痛苦束缚：降低伤害至最低程度

想象一下，你被绳索绑得很紧，感觉非常疼痛。

你感到疼痛，是因为你想移动身体；身体受到束缚时，你的灵活性与选择也受到限制。这些都是后果。这与错误选择产生的后果相同。每个错误选择都是一根束缚我们的绳索，限制着我们的行动，使我们遭受痛苦和挫折，因为我们无法去做自己想做的事情。

此外，如果我们被过去的选择后果所束缚，就不能有所发明，不会有创造性的时间，没有额外的资金；我们会背上沉重负担，有心理压力，不能自由发展。你能感觉到束缚的绳索吗？当我们想要努力前进时，后果是痛苦的。

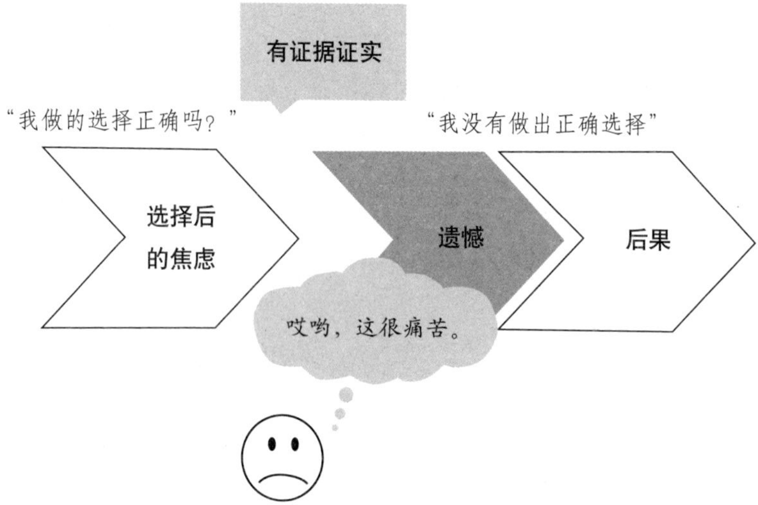


选择总会造成痛苦，但是我们可以将痛苦减弱到最低程度。只要有信心认为自己是在遵循着有效的选择准则，就可以消除选择前后的焦虑。如果当时能做出最佳选择，选择的时候就不会进行猜测，也不会给留下遗憾的余地。而且，我们可以通过一系列有效选择防止产生不良后果，不会受到束缚。

现在，让我们来看看错误选择是如何产生的。幕后到底发生了什么情况？这不是一件简单的事情！

## 个人练习 4
## 盘点遗憾清单

我们人类在充满遗憾的地球上游荡。这样做有什么价值呢？遗憾，只有在我们能够用它做出更佳选择向前进时才有价值。我们现在就用它来解决这个问题。

针对下面每个问题，请亲手写出答案。也许要另用一张纸来记录你对每种遗憾类别的想法。

1. **金钱**：目前我在金钱上的最大遗憾是：

______________________________

2. **浪漫关系**：目前我在浪漫关系上的最大遗憾是：

______________________________

3. **教育**：目前我在教育上的最大遗憾是：

______________________________

4. **职业生涯**：目前我在职业上的最大遗憾是：

______________________________

5. **机遇**：目前我在机遇上的最大遗憾是：

______________________________

6. **健康**：目前我在健康上的最大遗憾是：

______________________________

7. **购物**：目前我在购物上的最大遗憾是：

______________________________

8. **友谊**：目前我在友谊上的最大遗憾是：

______________________________

9. **法律**：目前我在法律问题上的最大遗憾是：

______________________________

10. **家庭**：目前我在对待父母、兄弟姐妹或孩子上的最大遗憾是：

______________________________

11. **未来期望**：目前我在为努力实现期望所做的准备上的最大遗憾是：

______________________________

我敢说这是本书的低点。你感觉如何？对我们当中的一些人来说，重新思考这些想法可能很难。只是应该记住，我们不能改变过去，我们要利用过去创造一个更好的明天。

如果你有很多遗憾的话，那就证明你的确需要更佳的选择来为自己创造红利。遗憾是人类的一种自然状态，它向我们揭示了我们所珍视的东西。感到遗憾，意味着你在意它。

现在让我们做深呼吸……还要记住，这是一个自我发现的旅程。改进的途径包括学习、思考、感觉与行动。当我们越来越接近那些将对你的未来产生影响的行动时，你会感觉更好。正是我们现在的感觉，才是做出真正改变的动力。

**电影中描绘的遗憾情节高潮**

在生动描绘遗憾感受的电影中，我最喜欢由杰出演员克林特·伊斯特伍德（Clint Eastwood）和梅丽尔·斯特里普（Meryl Strecp）主演的《廊桥遗梦》（*The Bridges of Madison County*）。电影中的高潮情节是梅丽尔扮演的人物应该选择继续过她的往日生活，还是选择同克林特扮演的人物一起开始崭新的生活。这样的情节即令人兴奋、充满希望，又使人感到悲伤，因为观众知道无论她做出什么选择，她永远会为另一个舍弃的选择而感到遗憾。观众们都想替她断定哪种选择最有利、最少遗憾。这部电影也让观众踏上了一段体会遗憾感受的心路历程。

所以，想象一下你现在正挥手告别这些往日的憾事。你已经将其一一列出。我们已经把这些憾事重新用作我们前进路上的动力。但我们不需要将它们挂在后视镜里。

“再见吧，憾事。我再也不想看你们了。我正在翻开崭新的篇章，拥有更多的生活自主权。我知道我想要什么，我打算为自己创造出很多选择红利。”

# 8
# Chapter

## 弥补选择缺陷 = 跨过人生羁绊

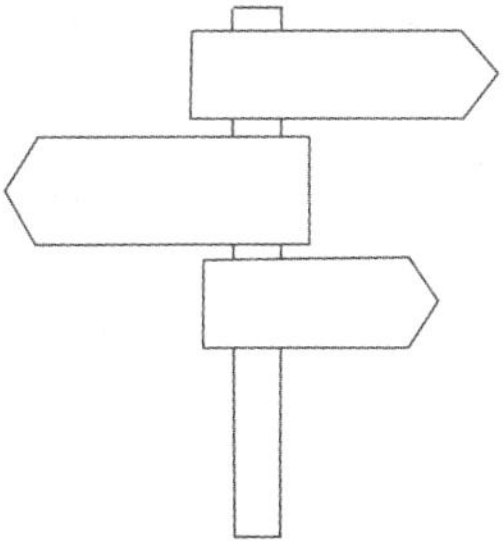

让我们把注意力从你身上暂时移开片刻，看看其他人。人们究竟在做出多少错误选择后才能取得成功？想想一些著名的成功人士：史蒂夫·乔布斯（顽固地改变主意），托马斯·爱迪生（Thomas Edison）（向竞争对手报仇），本杰明·富兰克林（精神完美主义者），玛格丽特·撒切尔（Margaret Thatcher）（成就上的傲慢），唐纳德·特朗普（Donald Trump）（自我价值上的傲慢），甚至还有比尔·克林顿（Bill Clinton）（花花公子）。像这些成功人士通常会有一个致命的缺陷——导致选择错误，但是他们自身的缺陷很少超过一个。他们的婚姻也许不完美，他们也许傲慢，他们可能很有勇气，也可能有一些小小的遗憾。但是，在取得伟大成就的道路上，他们做出错误选择的生活领域几乎从未超过一个。

只有一个？为什么我对这一点如此肯定呢？

答案很简单。错误的选择聚在一起会产生乘数效应。它们不只是加在一起，而是相辅相“乘”，共同催生一些无助于你实现个人目标的各种情况。我们在一生中不能同时承受多种错误选择。就像你的车一样，你可以处理一个漏气轮胎，因为你有一个备用轮胎，再过一个小时或更少的时间你就可以上路了。但是，你不能同时对付两个或两个以上的漏气轮胎，因为你要离开公路，或者出了故障耽误一些时间，结果当然会迟到。这些代价无法预知，但影响很大。

看看那些你眼中的成功人士，再思考一下他们的选择特点。我敢说你会发现一类或更少的错误选择。如果他们是知名人物，那么 TMZ 娱乐新闻网站或《国家调查报》（*National Enquirer*）（一家八卦媒体）就会注意到这一点。好消息是，我们一般大众并不一定要完美，因为每个人都有选择缺陷，但成功的人往往只有一个缺陷。因此，我们必须努力减少自己的选择缺陷，而不是在选择上达到完美境界。

事实上，如果我们遵循选择规则并有效运用本书介绍的策略方法，就不会那么容易受到最大缺陷的困扰，使其成为我们一生的羁绊。

## 不完美的成功者：缺陷依旧存在

成功人士之所以成功，是因为他们只是能够实现当时为生活设定的目标。目标不一定很大。快乐是我们的目标，建造世界上最高的建筑是我们的目标，个人债务为零可能是目标，进入职业足球名人堂也可成为我们的目标。但是当我们设定目标时，我们就要开始做出一系列新选择，也会继承我们过去做出的所有选择（与结果）。

当我们开始认识到我们在生活各个方面做出的选择变得越来越好时，便开始得到回报。有时回报接踵而来。成功人士之所以能取得不凡成就，是因为他们的工作与我所说的“有效选择的六大要素与回报”相得益彰，以目标作为人生努力方向。

## 六大要素与回报：有效选择弥补缺陷

为了能够实现目标，我们需要通过以下这些要素使自己处于有利地位。当我们做出有效选择时，这些要素也会成为我们的回报：

1. 空闲时间
2. 健康
3. 资金
4. 自由
5. 良好势头
6. 快乐

让我们简要讨论一下其中的每一个问题，了解它们如何成为选择中的重要因素，并作为红利回报给我们。以上排序同各自的重要性无关。

### 要素1：时间

我们可以利用时间搞发明、制订计划、重新考虑事情、征求他人意见、做研究，或者仅仅是充实自己。仓促的选择通常是错误选择，而时间是防止仓促选择的有效因素。

**回报 1：时间**

有效选择会创造更多的时间，因为我们不必经常去解决遗留问题。我们不必克服失败，因而节省了时间。有了更多的休息、放松和思考时间，便能够更加稳妥地迎接下一个挑战。

**要素 2：健康**

“我没感觉。”当我受邀参加瑜伽活动或试图专心写作时，我有时会这样说。这种感觉关系到我的健康状况，关系到我从身心两方面得到的相应信息。回顾 Chapter 6“拙劣决策者的特征”中有关内容可知，同大脑化学物质水平相关的心理状态可以显著地影响我们的思维。感到身心健康好转时，我们才能有更多的选择。

> 拥有健康，就拥有一切。失去健康，其他一切都无关紧要。
>
> ——奥古斯汀·伯勒斯（Augusten Burroughs）

**回报 2：健康**

有效选择带来的红利包括更少的压力、健身、放松的时间。所有这些均对健康有益，还有助于做出下一个有效选择。

**要素 3：资金**

我经常说钱是“助推剂”，可把我带到下一个理想的目的地。想想我们开车过程中看到油箱几乎要空了，与看到油箱满满时的不同心态。这也是资金（或缺乏资金）给我们在选择时带来的同样状态。手头现金充裕时，我们可以寻找机会，可以辞职创业，给她送去鲜花，带她去吃惊喜的午餐；我们可以旅行尝试新的体验，可以参加一个有趣的训练班，等等。缺乏资金支撑的选择往往没有灵活性。这就像你上车后拿定了主意往哪里去，但是低头一看，油表显示已经没有汽油了。此时司机能有多少选择呢？就像在大富翁游戏（Monopoly）中一样，我找到了一处想购买的房产，可是没有现金。这让人非常失望。我不能做任何选择，因为缺钱。

• 大富翁游戏

第 1 课

我知道，没有闲钱的我只能在板上转圈，掷骰子，收 200 美元，躲避税务人员和坏运气。对我来说，闲钱决定了我的选择。如果我有闲钱，就会更起劲地掷骰子。如果我没有闲钱，游戏则另当别论，没那么有趣。

如果我精明地购买了一处大富翁房产，那么我可以收租金，也许还能增加一个汽车旅馆或酒店，让它紧贴着我的竞争对手，为我创造收益。在现实生活中，如果我受教育的程度更高，就有资格获得更高报酬。如果我选择了一个好伴侣，我们的才华与收入加在一起会创造更加美好的生活。如果我的购买选择有效，我就有资格获得更低利率与更好的贷款信用评级。在所有的选择中，资金几乎总是一种重要因素。根据选择质量的高低，我们赚的钱、花的钱要么更多，要么更少。

• 大富翁游戏

第 2 课

大富翁游戏的前几轮决定了每个玩家的命运。虽然他们的着陆点是随机的，但他们的选择开始累积起来，特别是随着手头现金越来越不够用时。就像棒球击球手一样，选择不击球（买点东西）有时更重要。拥有停车场的声望不如在梅迪特兰大街拥有便宜的汽车旅馆。几个回合下来，玩家们开始了解他们的集体选择是否会使他们获得回报。最后，顾名思义，只有一个主要玩家，那个玩家几乎总是更出色的选择者。我从不喜欢看到我的朋友们面露怪笑，因为我们都知道那天我不会赢。

你的伴侣如何看重钱、如何花钱，这会对你的生意或婚姻产生很大影响。我有一些朋友，他们的配偶花的钱比他们赚的还多，造成了一种“赚钱多，花钱更多”的局面。所以，（婚姻）回报有时需要数年时间才能显现出来。遗憾的是，他们可能一直都负债。这就是为什么重大选择会影响我们的原因。

**金钱：这是自由吗？**

2015 年，近一半美国家庭（47%）表示，他们花掉全部收入，背负债务，或动用储蓄来支付年度开支。分析发现，如果一个典型的中产阶级家庭不得不经历一段没有收入的失业期，他们会在21天内耗尽可用的存款。如果同一个家庭也兑现了他们所有的退休投资，他们将在4个月内花光这些资产。[8]

## 回报3：资金

赚钱需要钱。

——佚名

我最喜欢的时刻是，由于昨天、去年或5年前我做出的一个有效选择，我的钱又回来了。通常，这些都是我对业务、人或想法的投资，某些方面已经发展到可以产生红利的程度。有时，我会投资提高自己，学习新知识，获得宝贵的专业技能。例如，当教育或培训可使你得到报酬更高的工作时，收入提高就是回报。它把钱作为取得进展的一个因素，而且经济回报（希望是）总是高于原始成本。我最喜欢的实例是有朋友高喊："我的爱人赚的钱比我赚的多！"她们的话语意在表明：她们很喜欢由她们决定嫁给的人所带来的经济回报。希望投资的钱能带来回报，这很好。而当回报没有收到，大量时间也已过去时，应该停止继续投资。

8. Pew 慈善基金会在2015年1月发表"家庭收支平衡不稳定状况汇总"，https://www.pewtrusts.org/en/research-and-analysis/reports/2015/01/the-precarious-state-of-family-balance-sheets。

## 要素 4：自由

**时间：这是自由吗？**

自 2007 年经济衰退开始以来，美国全职员工的比例一直在下降。但是他们说每周工时稳定在 47 小时左右。虽然每 10 个员工中有 4 个每周工作 40 小时，但其他许多员工的工作时间更长，包括近 1/5（18%）的员工辛苦工作 60 小时，甚至更长时间。这就意味着从周一到周五每天工作 12 小时，或者平日里工作时数较少，但是在周末则花费很多时间。领薪金的员工平均工作时间甚至更长。25% 的人说，他们每周至少工作 60 小时。因此，虽然领薪金的员工收入可能高于领计时工资的员工，但他们的确付出代价，失去了个人时间。[9]

对我来说，享受自由是我生命中最重要的目标。我想随心所欲地做自己想做的事情。享受自由的感觉很好。当有人对我说“你想去吗”或者“看看这个机会”时，如果我可以自由地说“是”并探究一番，我就有可能改善自己的处境。自由是有效

9.《盖洛普调查》（*Gallup*）在 2014 年 8 月 29 日刊 “40 小时工作周实际上延长了工作时间——按每天工作 7 小时衡量”，作者莉迪亚·萨德（Lydia Saad），http://www.gallup.com/poll/175286/hour-workweek-actually-longer-seven-hours.aspx。

选择的一大因素。然而，因为缺乏自由而受到限制不能做事，我就无法参与下一步的工作，这好比有人要你把双手绑在背后去开门一样。缺乏自由是一种挫折。然而，具有讽刺意味的是，我们通常只能责怪自己，因为我们通过各种选择确定了大部分义务与限制条件。

### 回报 4：自由

自由时间、健康和资金的红利共同创造了自由。所以，自由是有效选择带来的益处。以下是从教育水平中获得自由红利的一个很好实例：

2014 年，39% 拥有学士学位的员工平时在家工作。在享受这种灵活工作方式上，他们比那些上过大学，但没有获得学士学位的员工多出 1 倍以上。只有 14% 的高中毕业生和 12% 没有高中文凭的员工平时在家工作。[10]

## 要素 5：良好势头

保持良好势头的一个方法是不断拥有更大目标。

——迈克尔·柯达（Michael Korda）

10.《五三八》（*Five Thirty Eight*）在 2015 年 6 月 24 日刊“美国人在工作、休闲与为人父母上利用时间的方式”，作者里奇·利博莱斯克（Leah Libresco），https://fivethirtyeight.com/features/heres-how-americans-spend-their-working-relaxing-and-parenting-time/。

> 良好势头是有效选择的一大要素：成功首先需要付出 10 分努力来收获一分结果，你的良好势头会以一分努力收获 10 分结果。
>
> ——查尔斯 J. 吉文斯（Charles J.Givens）

停下来想想：良好势头是什么感觉？你什么时候经历过？比如说，你正在度过一个很棒的周末，美好的经历接踵而至。这种良好势头会导致明显的松懈吗？同样，你会注意到，当工作日没有因意外停顿下来而一直在稳步展开时，良好势头会给这一天带来积极的影响。良好感觉不错。值得注意的是，在突然刹车时，我们感觉到的动量却最大，当我们跌跌撞撞地停下来时，我们知道前进势头已经消失了。

职业运动员能够创下连胜纪录。金州勇士队篮球后卫克莱·汤普森（Klay Thompson）在 2016 年西部决赛第 6 场对阵我支持的俄克拉荷马城雷霆队的比赛中，以 11 个 3 分球创造了季后赛纪录。他单枪匹马用自己的强劲势头摧毁了雷霆队，以 41 分结束比赛。因为他势头强劲，在下次更容易发挥出色。这就是良好势头作为选择要素的价值。这不是逻辑或战略，而是一个条件。

**启动良好势头的最佳方法之一就是注意到它。**应该肯定自己每小时、每一天给自己创造出的良好势头。凡是达到减肥目标的人，每顿饭、每一次锻炼都在创造出良好的减肥势头。积少成多，效果显著。所以，让良好势头也成为你的一个重要成功因素吧。

### 回报 5：良好势头

做出有效选择时，我们会体验到自信心带来的回报，并创造出良好势头。这证明我们做的事情是对的。良好势头是影响我们下一步行动的重要因素，它应该用在下一个选择上。就像冲浪者在海浪上冲浪一样，关键是要先在海浪上保持平衡，然后才能开始冲浪。

### 要素 6：快乐

有时你的快乐是你微笑的源泉，但有时你的微笑是你快乐的源泉。

——一行禅师（Thich Nhat Hanh）

我们带着各种各样的快乐闯荡世界。快乐的程度取决于我们是谁，我们正在完成什么，以及我们此刻的满足感。作为一个重要因素，快乐是做出有效选择的内在动力。原因很简单：我们想得到更多的快乐。没有快乐的时候，我们渴望快乐。关于选择中的快乐，最重要的问题是："这个选择以后会给我带来快乐吗？"如果我们正在做着一个影响别人的选择，问题就变成了："这个选择会给他们带来快乐吗？"但凡不能给我们带来某种快乐的事情，我们都不会坚持下去，这是人之常情。这就是为什么快乐是有效选择的一个重要因素。

### 回报 6：快乐

我的祖母感到最快乐的时刻，就是听家人畅谈在品尝她亲手制作的美味佳肴时有多么开心。祖母做出的饭菜非常可口，在此不能不说的是：她的厨艺棒极了。我们的评价也使她受益，给她带来了欢乐。

> **帮助别人自然也会使我们收益**
>
> 当我们决定捐出一些物品或腾出一些时间去帮助别人时，我们是在播撒快乐回报的种子。并非每个选择都能使我们在时间、健康、金钱或自由上有收获，但是当我们无私帮助他人时，肯定会收获快乐；那是世界上最美好的感觉。

当我们的选择被证明有效时，也会产生同样的美好感觉。我们就像是厨师，等待着别人说我们做出的饭菜味道可口。看到我们的选择产生良好结果，这既是一种肯定，又使人感到欣慰、快乐。

我们都会做出有效选择，收获各种回报。现在就让我们通过考察你自己的几个实例来证明这一点。认识到你以前的出色工作具有重要意义。

## 个人练习 5
## 我的有效选择与回报

利用以下各类选择开动脑筋，仔细思索，找出你在生活中迄今为止做出的 5 个最佳选择。针对每个最佳选择，在每一个实例后面写下一个或多个回报（从六大回报中选择），你确定的回报应该容易对上号。如果你必须考虑一下的话，也许它并不适用。在做这项重要练习时，请亲手写下答案。也许要另用一张纸来记录你的想法。

**六大回报**

| | | |
|---|---|---|
| 金钱 | 时间 | 健康 |
| 自由 | 良好势头 | 快乐 |

注意：有效选择不必是重大选择。

**选择类别**

| | | |
|---|---|---|
| 金钱 | 机会 | 法律事务 |
| 浪漫关系 | 健康 | 家庭 |
| 教育 | 购物 | 好奇心 |
| 职业 / 商业 | 友谊 | 住在哪里 |

最佳选择 1：　　　　　　回报：

最佳选择 2：　　　　　　回报：

最佳选择 3：　　　　　　回报：

最佳选择 4：　　　　　　回报：

最佳选择 5：　　　　　　回报：

**我将通过我的个人实例来说明问题**

最佳选择 1：获得大学学位　回报：良好势头、金钱

最佳选择 2：同好伴侣结婚　回报：快乐、良好势头

最佳选择 3：生儿育女　　　回报：快乐

最佳选择 4：独立创业　　　回报：自由、时间、金钱

最佳选择 5：努力保持健康　回报：健康、自由

这里重要的一点是要认识到，有效选择会带来回报，而你已经成功地做到了这一点。在阅读本书的过程中，我们希望提高自己的期望，即我们的大多数选择都是有效选择，从而可以增加回报！

# 9

# Chapter

# 选择目标的四大工具 = 获取人生技能

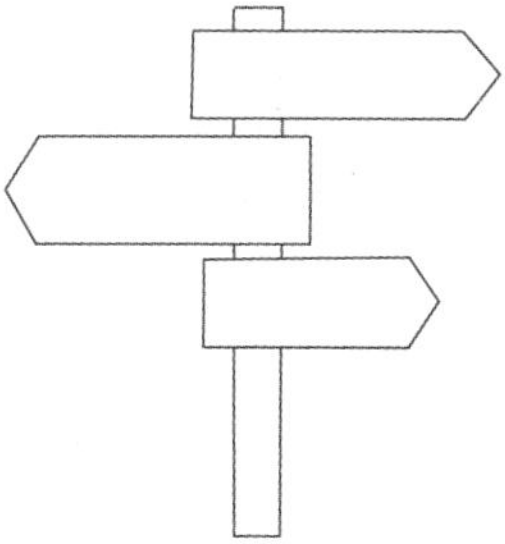

既然我们已经梳理了过去，就可以为自己的未来做好准备。今后我们将使用一些新的工具，每个好工匠都需要配备合适的工具。你在创造自己的未来，因此我们现在将为你提供一些工具，希望你能够充分加以利用。

我站在沃尔格林百货商店巨大的糖果货架过道上。每次走进商店，我都觉得自己知道想要买什么。但是当我面对如此多的选择时，我的思绪就很乱。我现在想要什么？我很久没吃过什么了？什么对我更健康？我明天最不后悔的是什么糖果？拿个购物主意就让我手足无措。我心绪混乱，逃避选择，只是随性购买了不少东西。这样做毫无章法可言！我也是人啊。

然而，对于我们生活中的几个重要方面而言，我们必须做出坚定的选择。这些重要方面是什么？如何选择？我们在回答这些问题时要学习运用各种生活工具，而这些生活工具则有望成为我们在选择过程中的全方位稳定指导因素。

工作与生活的平衡关系根本不存在。所有值得努力争取的事情都会使你的生活失去平衡。

——阿兰·德·波顿（Alain De Botton）

## 工具1：专注于关键目标

我的一位早期导师曾经在他的浴室镜子上贴过便条，每个便条都对应着他当时的一个努力目标。我去他家时，发现镜子上有一半的便条是善意的。一切都开始了，但什么都没有完成。他就是这样生活的。然而，他只对几个重要目标充满热情，而且经常谈论这些目标。忽视干扰因素，只关注几个重要目标，这需要有自制力。当我们集中注意力的时候，事情就可大功告成。

每天都应关注你想看到发展变化的事物。

——佚名

如果你的目标是室内植物，你每天能给多少植物浇水、施肥并精心打理？也许你养了太多的“植物”，它们都在枯萎！我们的头脑只能同时盯住少数“重要”事情。因此，如果我们想要养成良好的选择素质，就必须缩小范围。我们必须**设定主要目标**。

### 个人练习6
### 我的主要目标

在做这项重要的练习时，请亲手写出答案。也许要另用一张纸来记录你对每个类别的想法。

今天的日期：______年______月______日

目标类别：事业，爱情，金钱，教育，旅行，经历，人际关系，债务，健康

到今天为止，我的前五个主要目标是

类别：　　　　　　　　目标：

如何衡量进展：

类别：　　　　　　　　目标：

如何衡量进展：

类别：　　　　　　　　目标：

如何衡量进展：

类别：　　　　　　　　目标：

如何衡量进展：

类别：　　　　　　　　目标：

如何衡量进展：

### 把主要目标摆在前面

你能采取什么措施使这五个主要目标始终摆在你面前？在手机上保存目标清单是一种简便易行的方法，也可在浴室的镜子上贴上便条！最重要的是，让你的最高目标始终呈现在你面前。工具 1 允许使用工具 2 和工具 3。此外，在实现其中一个目标之后，应该用更合适的目标来替代它。

## 工具 2：保持一个头号目标

太多目标会削弱最重要目标的意义。就好像朋友太多，很难有几个挚友一样。有些目标就像一小群马，可以对其观察、管理、照顾，拿来玩赏。如果马群太大，那就变成了可怕的杂务，使我们不堪重负。我经常被自己的那些没有取得任何进展的目标所困扰，它们就像丑陋的行李一样跟随着我。每当我想起它们时，都让我觉得力不从心。所以，我们应该保留一份主要目标清单（这是你创建的工具 1），内容要简洁。然后开始使用第二个新工具：只有一个头号目标。

我在为一对结婚多年却没有怀孕的夫妇担当顾问时发现了这个工具。他们都 35 岁左右，非常忧虑。显然，“有个家庭”是他们的首要目标。我询问了他们过去几年做了什么，很快发现了问题：他们有太多的目标，而且没有一个目标被列为头号目标。压倒其他目标的头号目标只能有一个。他们在发展自己的生意，每周工作60小时，空闲时改造房屋。妻子有时不吃饭，经常锻炼，因为健康对她很重要。这是他们的五大目标清单（不分先后顺序）：

- 拓展业务
- 改造房屋
- 组建家庭
- 保持健康
- 存钱

结果发现，如果他们不工作那么多小时，就会减少收入，使拓展业务与存钱的目标受到影响。我告诉他们："现在是确定头号目标的时候了，它不会长时间损害你们的其他目标。"这让他们吃惊地发现自己落后了。他们所说的最重要事情是建立家庭，但他们的行为与选择并不支持这一首要目标。在"家庭"被选为头号目标以后，我叮嘱他们要通过凸显头号目标并使它更可能实现的选择来设计自己的生活世界。随后妻子开始只工作半天，降低了锻炼强度，摄入更多的卡路里，晚上9点后停止工作（而不是改造房屋）。瞧，他们3个月后就怀孕了。他们做出的选择支持了他们的头号目标。

## 个人练习 7
## 我的头号目标

在做这项重要的练习时，请亲手写下答案。也许要另用一张纸来记录你的想法。从上述五个主要目标中选择一个，完成确定头号目标的练习。

今天的日期：_____年_____月_____日

到今天为止，我的头号目标是：

类别：　　　　目标：

如何衡量进展：

### 你可以更改头号目标

头号目标可以随着你的进展而改变，其他目标可能会变得更加重要。在我的个人经历中，成为一名成功企业家曾经是我的头号目标，直到我取得了显著进步。然后我便超越了这个头号目标。同样，在浪漫目标是头号目标的情况下，如果一个人找到了心仪的伴侣，他们就会超越这个目标。实现头号目标，超越头号目标，然后将其他目标提升为头号目标，整个过程就是这样。

**重要规则**

头号目标总是得到优惠待遇，任何事情均不得妨碍最高目标的实现。为了给头号目标让路，所有其他目标都需要调整。

使用这个工具实现头号目标的概率要大得多，因为你正在促进并捍卫自己的最重要目标。必定会取得进展。

## 工具 3：发现目标与选择重叠

密切关注你的五大目标在日常生活中具有重要意义，因为选择会与目标“交叉重叠”，并可能促进或妨碍你的进展。

有些选择事关琐事，比如今天穿什么，或晚餐吃什么。其他选择则很重要，但可能不会对主要目标产生影响。

当一个选择与一个主要目标交叉重叠时，它就成为一个主要选择。重要的是要发现主要选择。对主要选择的认识应该提高你的心率——你已经登上了舞台。这是一个重要选择，不是因为你面前的各种选择，而是因为这个选择会影响重要目标。换句话说，**一个选择对你的人生目标的潜在影响就是它的重要意义。**当你发现目标同选择交叉重叠时，你现在知道在行动中要更加小心谨慎，因为你意识到并且在竭力捍卫你的目标。

因此，当目标同选择交叉重叠时，一些看似中小等级的选择现在也变得非常重要。

• 例 1

如果我的目标是在职业生涯中取得进步，那么就不难断定是否应该告诉我的雇主“我将在这个关键项目期间休假”。我的决定是：“不，我不去度假，因为我要捍卫我的重要职业目标。”我不是建议避免度假，但如果你的假期恰巧是在一个可以证明自己的关键时刻，你必须做出选择来捍卫自己的目标。你的下一次升职可能就取决于它。

• 例 2

如果我的目标是赢得一位女孩的芳心，而且她又有机会参加今晚的活动，那么我应该决定参加同一个活动（抓住以后不会再有的机会），而不是同朋友们在一起，尽管他们一直缠着我同他们聚会。要敢于在爱情中冒险。

• 例 3

如果我的目标是通过观察我的饮食与减肥来远离糖尿病药物（按照医生的严肃要求）——我应该拒绝参加为期七天的巡游。在海面上漂游一周，吃着全天供应的自助餐和草莓奶昔，这可能会严重损害我的努力势头。我的血糖水平会感谢我的。

• 例 4

如果我的目标是买房，那么我应该遏制冲动，不用我现在开的这辆车来换取亮闪闪的新车分期付款。额外的现金可以帮助我更快地实现目标，我的信用状况也会变得更好。

我们可以不断地想到一些实例，表明我们必须发现主要选择，因为这些选择影响到我们的主要目标。理解了工具 3 的要点，应该为自己感到骄傲。只要保持警觉，每天都会发现几个主要选择。

## 工具 4：看清选择的良好势头

你是否有过下面这种感觉？每当我要行驶一段下坡路时，我便把脚从油门上移开，心里得意地想："我现在根本不用汽油，因为车上的数字仪表显示每加仑汽油行驶 99 英里[11]。"下坡时更安静。这一刻我的感觉很好。我注意到了！它提醒我：重力在起作用。

**你的选择良好势头也值得注意。**当你享受有效选择带来的益处时，如果不承认它们是你作为选择者而付出的辛勤努力的回报，那是不公平的。你也许连续做出了一些有效选择，感觉很好。应该认识到良好势头，因为它加强了你在生活目标与选择方面的努力效果。

• 例 1

有减肥目标的人迫切需要注意良好势头，以强化他们的饮食与锻炼新习惯，并重新调整它们在大脑中产生的渴望。

每天都会注意到自己有感觉好一点，衣服穿得更合身一点，注意到朋友的称赞，体重减轻了，能量水平更高……这些迹象均表明，许多为实现共同目标（提高健康水平）而做出的选择产生

---

11. 1 美制加仑约等于 3.785 升，1 英里约等于 1.609 千米。

了良好结果，势头旺盛。

• 例 2

一个好朋友单身，正在寻找他的灵魂伴侣。他是位中年人，所以遇到单身女性有点困难。他知道这是一个时间和数字的问题。他每周遇到的候选人越多，找到心仪伴侣所花费的时间就越短。

因此，他通过计算每周的相亲约会次数，来跟踪自己的发展势头，安排在当地咖啡店会面，因为喝咖啡比吃午餐快得多（而且便宜）。我有没有提到他在社交上处境不利？然而，他注意到每周的势头发展顺利，在 4 个月内，他实现了自己的目标，我还成了他婚礼上的傧相。

• 例 3

当我们希望将储蓄与投资组合作为主要目标时，我们会得益于经常查看自己的账户余额。账户余额向我们展示了实现这一目标的势头，提醒我们为什么要做出明智消费、多赚钱、储蓄的选择。《富爸爸，穷爸爸》（*Rich Dad, Poor Dad*）的作者罗伯特·清崎（Robert Kiyosaki）认为，在钱的问题上，我们的选择只能支持两种主要方法中的一种。他写道：

“穷爸爸和富爸爸的区别主要在于他们如何管理自己赚的钱。穷爸爸说：‘生活要节俭。’穷爸爸的预算或资金管理以削减开支为重点，符合他的收入水平。而富爸爸则说：‘广开财源。’富爸爸的计划重点是增加收入，他表示：‘大多数人把他们的预算作为一个计划，结果变成穷人或中产阶级，而不是致富。我的预算是致富的计划。’”

• 例 4

我是一位经验丰富的企业家，可是我还没有认识到良好势头在创建新企业时的重要性。我是一个有远见的人，我强调完整齐全的“整体”效应，但这不是监控进展的有序方法。例如，如果我要新开一家餐馆，我应该有序地安排好每个阶段的事情：（1）设施建设；（2）采购设备；（3）安装设备；（4）许可证；（5）菜单；（6）员工；（7）运营政策与培训；（8）营销等阶段。随着我的工作逐步展开，可以跟踪观察到我的良好势头，我对于自己的工作进展感到很满意，正在逐步实现“开业盛典”这个压倒一切的目标。

结合我们在选择方面所学到的知识并采用上述四种工具，我们就处于极为有利的位置，作为一个优秀的选择者展开每天的工作：

1. 盯住你的主要目标，这样就能有效地管理它们。
2. 只选择一个头号目标，以确保实现这一目标。
3. 努力发现主要目标与选择交叉重叠的情况，以便重点关注主要选择。
4. 看清实现目标的良好势头，加倍努力。

接下来我们换个话题，探讨一下你在日常选择中运用新增强的个人能力开展行动的情况。

# 10

Chapter

在行动中选择：实现人生突破

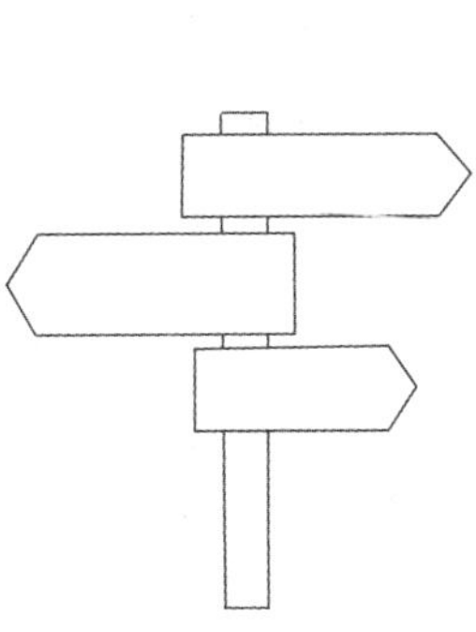

现在就让我们来探讨如何在日常生活中发挥优秀决策者的作用。你认为自己知道应该怎样做吗？

作为比较，如果我问你："在日常生活中你知道如何做一个优秀司机吗？"你会给出肯定的回答吗？当然会。你有驾驶执照，而且经验非常丰富。

在选择方面，我们既没有执照，也没有丰富的经验。那就让我们改变舒适度，顺其自然吧。

## 捍卫目标：掌握三大"认清"

你明天起床时，可以说出下面这些话：

- 我了解我做出的选择对自己的生活所产生的影响（Chapter 1 内容）。
- 我知道只有一小部分选择会影响到我生活中的最大目标，会涉及具体生活阶段（Chapter 3、Chapter 4 内容）。
- 我知道有时我会成为拙劣决策者，做出错误选择，造成痛苦，随后还会做出更多的错误选择（Chapter 6、Chapter 7 内容）。
- 我在过去做出过各种错误选择，因此感到遗憾。我也从自己做出的有效选择中获得过回报（Chapter 7、Chapter 8 内容）。
- 我已经确定了自己当前的最高目标（Chapter 9 内容）。

因此，你会在需要做出选择的时刻将所有这些优势派上用场。你准备捍卫自己的目标，不想因为一个错误选择（不去做什么）而向后退缩。现在让我们再介绍一些可以帮助你确定应该做什么的选择技能。

为避免毁掉自己的未来，你不必把一切都记住。好消息是，只要掌握三大法宝，就可以畅通无阻，从中受益匪浅。就好像兜里没有 3 美元绝不要离开家一样，要一直带着这三大法宝，你才会感到更有信心。只要记住三件最重要的事情，你就会一直适当地专注于一个选择。这三件最重要的事情是：

### 认清主要目标

认清你的主要目标，牢记在心，经常回顾。

### 认清每一个选择

认清每一个选择，然后停下来思考。问问自己的决定是否与主要目标交叉重叠。如果是这样，就应给予特殊考虑。

### 认清自身状态

认清自己的心理、身体和情绪状态，这样你就能意识到自己何时会成为拙劣决策者。假如你同那个反面主角很相似，应该暂停行动，直到你不再威胁到自己的未来。

## 选择过程：给予特殊考虑

在很火的游戏节目《谁想成为百万富翁》（*Who Wants To Be A Millionaire*）当中，游戏的创建者围绕选择设计了整个游戏。这不仅仅是为了得到每个问题的正确答案。在两个问题之间，更大的选择是：选手是应该留下当前赢到手的钱，还是冒着把钱都失去的风险再接再厉。奥斯卡获奖电影《贫民窟的百万富翁》（*Slumdog Millionaire*）生动讲述了在生活选择以及游戏节目选择上面临的情感痛苦。

当选手对一个问题的答案感到没有把握时，他们有 3 个救济方案：

- 50/50（电脑删除四个可能答案中的两个）。
- 通过调查询问观众。
- 打电话给朋友。

这些“救济方案”的运用富有戏剧性，需要额外的电视时间来仔细评估。选手“知道”当他们只能猜测答案时需要运用救济方案。

发现选择与主要目标交叉重叠时，你“知道”给予主要选择特殊考虑。决不要速战速决。你的选择可能影响你的良好势头，也可能破坏你的主要目标。

摆脱困境的最直接方法就是减轻此刻的压力。可以迅速使用下面这些短语来创造更多的思考空间：

“打扰一下。”

“我需要一点时间。”

“稍后我会给你打电话或发电子邮件告诉你。”

“我明天给你答复。”

“我能在这个问题上回复你吗？”

“我最快能在什么时候回复你？”

在获得了更多时间（几分钟、几小时、几天或者几周）之后，第二个摆脱困境的方法就是简单思考。回顾受到影响的目标及其重要性，考虑每个可能选项可能产生的影响。

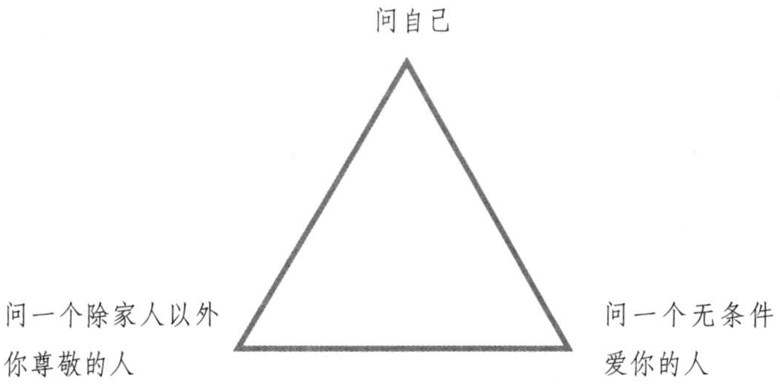


**选择三角形定位**

如果仍然不确定什么是最好的决定，摆脱困境的第三个救济方案是选择三角形定位。要想准确使用这个工具，你必须为每个有关的人提供足够的有用信息，而不是表露情感。他们会帮助你。开展三角定位，信任 GPS 的精度，然后继续前进。

## 关键时刻：警惕拙劣决策

你认为孤独的人会经常做出错误的人际关系选择吗？

你认为愤怒的人会选择错误的措辞吗？

你认为骄傲的人会伤害自己和他人吗？

是的，是这样的。

我们每天都能看到：处于关键时刻的人们并没有为那个时刻做好准备，而且正在损害他们的未来。

当你停下来专门考虑一个选择时，不要因为你是拙劣决策者而破坏结果。在 Chapter 6 里我们发现，我们经常不公平地破坏自己的选择，因为当时我们有以下一个或多个特征：

| | | |
|---|---|---|
| 急于求成 | 愤怒 | 沮丧 |
| 高傲 | 被拒绝 / 孤独 | 恐惧 / 悲伤 |
| 疲惫 / 厌倦 | 自尊心强 | 怀有希望 / 乐观 |

在开始做选择前，要问问自己：“我感觉如何？”如果你当时具备上述任何一个特征，则应延长暂停时间，首先应对拙劣决策者。

*在你失去拙劣决策者人格之前，不要再做选择。*

## 拙劣决策者的解药

如果你：

**急于求成**

应该停下来问一声：“急什么？”提醒自己，匆忙交易从来不是最好的交易。事实上，仓促做出的选择会产生焦虑——这也是我们不需要的。

**高傲**

你现在关心的是你的自我价值，关心你自己有多了不起。这些都不能当钱花。在这种情况下，你应该盘点一下应该感激的人和事。想到我们生活中的人、动物与福祉，我们很快就能在人类境况前面恢复原有的既可爱又通达的谦卑态度。

**自尊心强**

别再想别人怎么看你，不要想害别人却害了自己。应该放弃任何有关你个人形象的想法；相反，应关心一下自己。在不理会其他人的时候，问问自己：“我的最大长期利益是什么？”就这么做吧。

**愤怒**

闭口不言，直到你平静下来为止。在你说话前，想想要说什么。像狙击手一样反复深呼吸，降低心率。离开房间，运动起来。广开思路，寻找其他选择方案。幽默起来，原谅别人，人不是完美的。

**被拒绝／孤独**

你面对的是坏消息，或者对某位你看重的人感到失望。你的安全感受到威胁。你首先责备自己，这也许不对。记住，这不是你的事，而是另一个人的事。你不能改变别人。出现这种情况，是因为有更大的原因。只需考虑你能从这次拒绝中获得什么价值，让你自己变得更好，并利用它。同你心爱的朋友和家人谈谈话。

**疲惫／厌倦**

时机不好。你正好精力不足，无法集中注意力。应该睡觉、吃饭、充电，然后你就会成为做选择的最佳人选。

**怀有希望／乐观**

有种偷偷摸摸的感觉。你总是对更美好的事情充满希望。回顾一下你所知道的那些未经润饰的事实，便可迅速探明实情。别再奢望选择中应该包含什么有利因素，看看你现在能够证明什么，这是立竿见影的应对之策。

**沮丧**

你的情绪会从低到高波动不定，你做出的选择很脆弱。沮丧的时候，我们往往立即做一些让自己开心的事情，这些事情可能是自我毁灭性的。这不是因为你软弱。抑郁不仅仅涉及态度、观点，或者希望事情有所不同，这还是一个化学平衡问题。你要么有足够的脑化学物质，要么没有。避免饮酒，应该去锻炼，去看医生。

**绝望**

不要放弃。你还没有尝试过所有的选择方案。你不知道自己无法控制什么。在绝望的情况下，有扇门可以打开，出乎我们的预料。在这种情况下，不要反复分析形势，而要静下来，让生活指引前进的道路。你有一群朋友和家人，即使陌生人也能做出惊人的事情。安静下来，祈祷。要对自己有信心，打消所有同自尊心、骄傲与恐惧相关的念头，这样你就能够看得清，听得明。

**恐惧／悲伤**

同家人、挚友在一起可以感到安全。过度的恐惧、担忧与悲伤无法轻易地摆脱掉。这些感觉在明天还会重现。但是，当我们需要做出选择时，请关心你的人同你一起评估各种选择。在这种情况下，两个人的智慧总会胜过一个人。

**换个说法**

从另一个角度进行概括。如果你能对自己说“我现在不是拙劣决策者”，那么你很可能会做出有效选择。

### 一个正式的“融会贯通”案例

一位32岁的专业人士写信对我说：

我正在寻求外界指导，希望能够擦亮眼睛，对自己面临的各种选择得出最佳评估结果。我同公司签的合同将于明年6月初到期，我正处在职业生涯的转折点上。我觉得下一步、下一个决定很可能是我为今后10年到20年选择的人生道路，这对我来说是沉重的负担。过去7年里，我在目前的工作岗位上既有积极经验，也有消极经验。我面临着几个不同的选择：(1) 留在我的工作岗位上，努力协商调整团队的运作方式；(2) 与团队分离，独自经营；(3) 在公司内部搬迁到另一个城市；(4) 加盟另一家公司，继续我现在正在做的相同工作（销售方面），或进入业务的另一方（主要方面）。我希望能够思路清晰地评估每个选择方案，并确定最佳选择方案。

根据本书阐述的原则，我回答说：

这是职业生涯加速发展时出现的常见情况。然而，你却在讨论各种选择上纠缠不清：在这家公司或那家公司工作，与这些人或那些人一起工作，承担这一职责或另一个职责，成为公司雇员或独立经营，或在这座城市或那座城市工作，等等。在我看来，这表明你没有把握住个人的主要目标，无法使自己重点处理可以实现这些目标的各种选择。一旦你确定了主要目标与重点方向，你的选择就能到位，你也知道应该怎么做。

**当人们没有将自己的选择同其人生主要目标联系在一起时，就会感到困惑。**这是应该努力解决的问题。随着年龄增长，仅仅有一个想要获得一般成功的意图是行不通的，因为使你感到满意的一般成就永远不会实现你的任何愿望。我们必须用我们未来真正的理想来构建选择过程。你需要亲自回答这些问题：

- 在今后10年，我最喜欢并认为自己能够做好的工作是什么（我的日常工作目标是什么）？
- 我想在哪个城市工作、生活、享受？我每天想感受什么天气，或者每年想享受什么季节？
- 我是否有职业目标？如果有，具体是什么？
- 我是否将收入目标作为主要目标？如果是，具体是什么？
- 我想为哪类公司工作？公司能满足我的目标吗？
- 我希望挑战来自哪里：团队成就（不断增长的管理技能）或个人成就（不断增长的任务技能）？
- 我最喜欢的爱好是什么？这种爱好在哪里以及如何能得到最大支持？

你所拥有的选择中，哪些选择在你回答完上述问题后仍然可行？

接下来，你可以通过下面这些问题来缩小选择范围：

- 什么样的选择可从以上问题中产生大部分目标？
- 什么样的选择最适合你的人际关系与家庭？
- 什么样的选择使你最兴奋？
- 如果没有一项选择可以明显胜出，要问一下：什么样的选择我还没有考虑过，但是却有可能更合适？扩大选择范围，这可能涉及职业重点。

注：如果上述大多数目标显然无法通过为他人工作而明显可以实现，那么你很适合考虑成立自己的公司，因为至少你有机会在不受其他人信仰约束的情况下实现自己的目标。

最后，如果由于目标不明确，或者不适合该选择，因而对该选择没有帮助的话，则可做一下同结果有关的练习：

- 列出每个可能的选项（例如，选项A：留在当前城市，继续在当前公司里做现有工作）。
- 对于你的每一个选择，列出你认为如果选中后并坚持至少五年所产生的结果。
- 现在，选择一个同所有其他选项相比其结果最能让你接受的选项。

最后我要说的是：希望这样对你能有帮助。为了实现突破，我们必须退后一步，重点关注我们自己，专注我们的生活，我们的人生理想，以及除了职业（平衡）之外我们还想得到什么。

# 11
Chapter

识别错误选择 = 改善人生状态

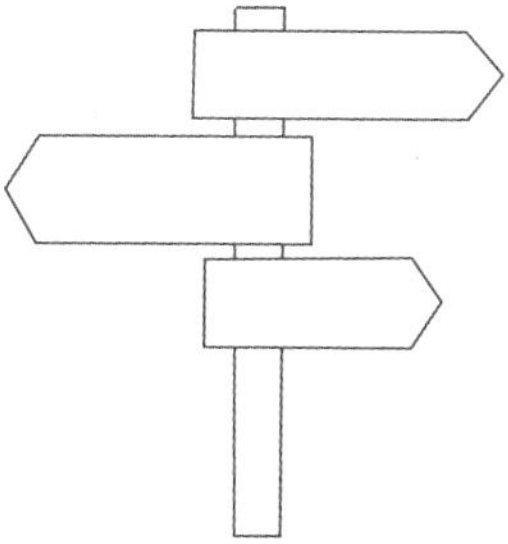

**浅薄的人相信运气或环境，强大的人相信因果关系。**

——拉尔夫·沃尔多·爱默生（Ralph Waldo Emerson）

不好了！我们在很久以前或最后一刻做了一个选择。军医！我们搞砸了。痛苦就要来临：我的焦虑变成了遗憾。我肯定做出了一个错误选择，后果潜伏在我的未来中。现在怎么办？只要有足够的时间，我们做出的每一个错误选择几乎都会伴随着怪笑展现给我们。这需要数年时间（涉及婚姻、事业、就业、购物、债务等方面）。有时，只需几秒钟（错误的转弯，第一口晚餐，说错话，开车时发短信，服药过量）。这只是时间问题。错误选择的迹象，就像春天里黄色的蒲公英一样涌现出来。

只是知道为什么会出现错误选择，并不能阻止我们继续做出错误选择。我们是人，有时要下一番苦功才能有所收获，对吧？因此，即使我们还要掌握一些新的选择工具，当我们发现一个错误选择时，我们也可以更好地理解和处理这些情况。

为什么在出血的肢体上使用止血带至关重要？答案是：止血，活到下一个机会。在选择过程中，重要的是我们要防止损失，尽可能改进任何可以改进的环节。选择失败后迅速采取矫正措施，可大大减少未来的遗憾。我们的反应是至关重要的，因为错误的行为会对你的大目标造成无法挽回的破坏。你是否曾经当众破口大骂，然后“砰”的一声关上房门就走开了？房门的撞击声也可能是你的目标永远坠地的声音。如果我们准备好运用本章中讲过的各种策略，便会对失败后的选择充满信心。现在我们就来探讨对“明显的错误选择”所做的反应的性质，以及我们可以改进审视视角的各种方法。

## 面对结果：保持正确态度

我们怎会知道一个选择是错误的呢？通常，证据就摆在我们眼前。如前所述，有证据时，我们对这个错误选择的焦虑很快就会变成遗憾。当我们必须接受并应对认识到的这个结果时，我们会遇到什么情况呢？

在处理错误选择造成的失败结果时，我们必须努力做好以下三点：

- 控制心烦意乱的状态，做到思维清晰。
- 做出可靠的第二（应对）选择，尽量减少长期危害。
- 避免转移对真正失败原因的注意（将失败归因于机会，或者认为同我们过去的选择能力无关）。

## 谨防心烦意乱

在密切关注发挥作用的各种内在因素，类似慢动作视频回放的过程中，当我们承认自己错了，并决定采取矫正措施时，会出现一系列复杂的心理和生理反应。在寻求宽慰时，对抗内心自责的压力也很大。暴露的错误选择使我们感到心里紧张。**在压力下，我们的大脑工作方式也有不同。**我们无法控制自己本能的反应与应对倾向。在正式测试自己的应对倾向时，我看到在业务压力下我很快就会发起火来。事实上，这解释了多年来的一些事实。另一件事发生在几年前，当时我和一群退伍兵（只有我没当过兵）一起参加了为期几天的反恐防卫攻击步枪认证训练班。在大多数距离内，我都是一个出色的射手。但这不是本次艰苦训练班的要点。

在路易斯安那州炎热的太阳下，我们穿戴着80磅重的装备，经历了连续4天的射击选择压力，使人倍感紧张。我的选择最初缺陷很明显。当我需要思考时，我确信肾上腺素是我的敌人。战斗压力带来恐惧，恐惧又带来肾上腺素。“战斗或逃跑”的身心反应也不包括理性思维。

由于这个原因，有些警察在经过一番追捕或对抗后，立即错误地对犯罪嫌疑人采取了让自己都感到遗憾的行动。他们在压力下无法控制自己的选择，让肾上腺素冲昏了头脑。这需要经过大量的训练。遗憾的是，如果把控不好，可能会毁掉职业前程，因为结果也许是致命的。面对我们做出的错误选择会引发恐惧。我们会因为生气或肾上腺素过多而做出不明智的反应。在这种时刻，容易心烦意乱。我们应该注意内心所有的不同念头，并学会在遭到逼迫的情况下刻意忽略某些念头。

**激动时刻的影响因素**

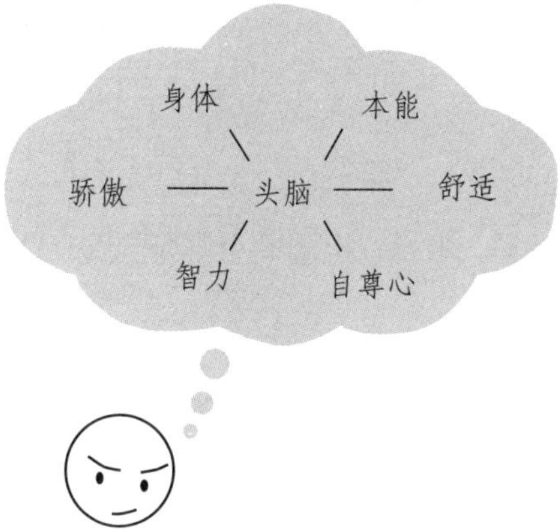


面对错误选择，意识到头脑中正在进行一场战斗至关重要。思维有些混乱时，如果你知道应该倾听谁的意见，应该向谁喊一声“闭嘴”，那么你在对错误选择做出反应时便有自己的优势。

**头脑**：我们的头脑是裁判，它要对结果进行管理，需要清晰专注才能发挥自己的最佳作用。

**直觉**：我们的直觉首先发话，但否定会让其哑口无言。当否定大行其道时，直觉有什么益处呢？直觉永远认可最初形成的建议。

**自尊心**：我们在别人眼中的印象如何，这对我们极为重要。

因此，自尊心会希望尽可能地推迟尴尬，因为它无法量化总的尴尬程度。自尊心实际上欺压其他因素，以避免看上去形势不妙。

**智力**：智力是解决问题的因素，总在寻找最佳解决方案。在同自尊心合作时，智力（暂时）认为它可以找到捷径（摆脱错误）。当智力遭到损害时，它就开始寻找解决问题的最佳方法，满足自尊心。这一点很少奏效。[参见亚历克·鲍德温（Alec Baldwin）在媒体上的多次失败。]

**身体**：我们的身体尽量避免压力。压力会带来疲劳，疲劳会导致做出错误选择。所以，虚弱的身体能削弱一个坚强的心灵，只想做出选择而已。

**自尊心**：我们的自尊心建立在成功的基础上。我们越是成功，就越难说服自尊心立刻接受打击。自尊心总是想拖延后果，即使从长远来看伤害更大。

**舒适**：我们都渴望身心舒适。难受的感觉很不妙，我们天生寻求舒适。寻求舒适是在暴风雨中“避风”的一种形式，这不是一个长期的答案。遗憾的是，认识到错误选择会引发一场风暴，我们往往会做出令人舒适的，而不是长期的最佳选择。

**对错误选择做出的反应（反应时间单位：毫秒）**

头脑：“我刚听说我们有问题。”

直觉：“我告诉过你的！”

自尊心：“我什么也没听到。”

自尊心：“不是我。”

身体：“出口在哪里？”

智力：“证据在哪里？”

头脑：“你们都闭嘴，让我好好想一想！”

自尊心：“不。谁饿了？”

本能：“我们必须处理它。”

头脑：“把各种选择汇集在一起……”

舒适：“这是一个糟糕的领域。”

身体：“我开始出汗了。”

骄傲：“我不会犯这类错误。”

自尊心：“我们看起来真的会很愚蠢。”

智力：“没有办法，只能隔离。”

自尊心：“不是我搞砸了这件事。”

身体：“我现在需要感觉好一点！”

自尊心：“我还是很漂亮。”

直觉：“不要做任何下意识的选择。”

舒适：“让我们快点找到一个熟悉的妥协方案。”

智力：“最好的选择是完全接受错误。”

骄傲、自尊心、身体［合唱］：“哦，不，那现在太痛苦了。”

头脑：“我被化学物质所驱使，现在，合唱的声音震耳欲聋。”

智力：“我们都受骗了。”

情况就是这样。在短短几毫秒的时间里，在一个错误选择被做出之后，人们突然变得脆弱起来。我们突然感到不安，被迫考虑最坏的结果。因此，在这个脆弱的时刻，我们有两个选择：

选择 1：迅速、直接处理第一个（最初）失败选择及其后果。

选择 2：除了选项 1 以外，什么都可以做。

在根据第二个选择着实不易地瞎忙了好大一阵之后，智慧往往会把人们推向第一个选择，将其作为最佳选择。

## 做出反应：抓住第二次机会

“事情很少像看上去那么坏。”这是在事情不顺的时候人们常说的一句话。我用下述方式再加上一句：“如果我们不能做出正确反应并做出有效的第二个选择，那么情况就会很少像以后那样糟糕。”正面承认与处理第一个错误选择，这是第二个选择，也是我们做出的反应。如果第二个决定不正确，总的代价可能要增加一倍以上。因此，我们有很大的机会通过有效的第二个选择回到正轨。何乐而不为呢？

### 为第二个选择而战

在下面各例当中，思考一下后果游戏中不同利益之间进行的较量：头脑、本能、智力、身体、骄傲与自尊心。

想象一下，如果理查德·尼克松（Richard Nixon）早点说出下面这番话，结果会出现什么情况：“是的，我搞砸了，本来一直想获取有关对手的情报。这是愚蠢的行为，我考虑不周。它侵犯了某人的宪法权利，我深表歉意。我不会宽恕掩盖事实的行为，我们会把事情查个水落石出。”他可能会遭到弹劾，但他不会因为最高法院判他违法而蒙羞辞职，失去公众对他的信任。

同样，考虑一下，如果比尔·克林顿没有选择否认同白宫实习生的婚外情，而是坦诚地说出下面这番话，结果又会怎样：“我很遗憾地承认我做出了一个非常错误的选择。作为你们的总统，我很抱歉这件事被公之于众。我要向我的妻子道歉，并从现在开始努力挽救我的婚姻。”如果是这样，他就不必宣誓作证，也不会被众议院弹劾，这个问题将在数月而不是数年内得到解决。

你有没有推迟过任何类型的关系破裂（浪漫关系，朋友关系，工作关系），因为你有你需要的所有证据，但关系破裂并非没有发生？出现这一结果可能有几个原因，这些过错的说明如下。

就我个人而言，我曾经处于这样的商业境地：可将我与合伙人收购的企业称为一次亏损交易。但是我们当时却拒绝承认这一事实。如果我们早点承认的话，损失只有 50 万美元。由于拒不承认事实，2 年后损失高达 300 万美元。怎么会出现这种情况呢？我可以告诉你，只要你放任不管，选择偏见就像滚下山的雪球一样越来越大。你否认选择失败的时间越长，失败就越严重。在这项商业交易中，最初的数字看起来不太稳定，所以我们研究并策划了它的成功发展方式。有了令人满意的虚假缓冲措施，我们把工厂从费城搬到了芝加哥，费用昂贵，总共动用 25 辆半挂车。我们重新安置了一些员工。花了一大笔钱，搬走了在费城工厂里停放了 20 年、调试得完美无缺的机器设备。搬迁设备，重新组装，再让它正常运转起来可不是一件简单的事情。设备没有恢复到原来的状态，我们当时以为这只是个时间与调整的问题，另外还缺乏熟练的机器操作工人。我们购买的是旧设备，却没太在意。我们只顾自己闷头生产，而一直以来，有很多人愿意以低于我们的利润生产这些产品。形势严峻！但是我吸取了一个很好的教训：你可以随时拉下紧急制动闸，然后停车。事实上，我们越是及早动手，造成的损害也越小。

在过去，你可能做出过错误选择，而你却忽视了它，问题变得更加严重。你有没有想过，我们当时为何没有做出正确选择？

## 有效的第二选择中的主要因素

如果我们先服务于头脑、本能与智力，便可以做出有效的第二选择。这要求我们在审视自己的目标和我们真正想要的结果时，应忽略自尊心与骄傲心态。

这样，当我们面对错误选择时，便得益于牢记保持头脑清醒，及早倾听直觉的召唤，让我们的智力发挥作用，而不受自尊心与骄傲心态的干扰。

如果我们遵循这个处方，身体就会承受较少压力，我们将有一个更好的长期结果。

## 直面失败：提防四种错误

一般的嫌疑犯会阻止我们做出正确的反应。在我们对自己的选择承担责任并做出合理反应之前，我们经常寻找逃避的方法——避免直接处理选择失败的方法。这些都是简便易行的逃避方法，也许这就是社会以巨大代价如此广泛运用这些方法的原因。当我们的错误选择暴露在自己面前时，我们要再仔细观察一下，以加强我们的行动力度。

我们有可能犯四种错误，每一种错误都会造成损失。

| 错误 | 损失 |
| --- | --- |
| 推卸责任 | 行动或解决方案不到位，延误时机，代价高 |
| 为沉没成本辩护 | 追加无效投资 |
| 违心妥协 | 违反个人标准 |
| 梳理目标 | 使我们的未来降低档次 |

这使人痛苦，因为我们想要的是一个不同结果，但是，使人感到更加痛苦的是围绕发生的事情说一些令人丧气的话。所以，我认为与其说一些令人丧气的话，不如最好能够认识到现在我们有一个转身的机会——让我们的生活奔向不同的方向。

——克里斯·希尔（Chris Hill）

失败是痛苦的。有时候，痛苦得令人难以诚实地承认失败。在我们的社会里，人们喜欢责备自己以外的任何人或任何事物。当错误选择显现出来时，我们善于寻找替罪羊，推卸责任。我们必须避免以下几种形式的推卸责任，否则就会失去得出结论的机会。你是否这样做过？

## 错误一：推卸责任

### 推卸责任 1：这是命运

“这是命运……”这句话表露出你的下意识想法，暗示你的生活总是有一个预定的电影脚本，使你做出错误选择，并在你发现这个选择的错误有多严重时达到高潮。这个脚本还规定了你生活中所有人的行为与事情，会在你做出选择时（以及从那时起往后）影响你的境遇与思维。这有多现实呢？这种思维虽然方便，但对我们没有帮助。如果我们接受命运，为何还要尝试改变现实呢？**命运是意志薄弱的人惯用的神话**，阻止我们承认做出过错误选择，并从中获得智慧。如果命运是真的，那么脚本不仅包括错误选择的后果，还包括你对它做出的反应。你的回答正是本章要阐述的内容。一定要理解并完全接受这样一个事实：你的生活电影脚本编剧与导演都是你自己。命运只是一个懒惰的神话。

### 推卸责任 2：盲信盲从

相信“等待的人会有善果”，这是一个令人开心的想法，但现实情况则另当别论。错误选择往往在你无法选择的时候体现出后果。这种情况发生时，我们必须加以处理。相信“事情会解决”不是推动我们事业的行动，相反，这是无所作为，得过且过的懒惰表现。事实上，当一个错误选择正在浮现出来的时候，你也许还有机会限制由它造成的损害，这全都关系到当你怀疑事情没有按预期的那样发展时你所采取的行动。

因为你在耐心地等待期望结果，所以你是一个无辜的受害者，这样的想法是有害的。当你在等待的时候，整个世界与你擦身而过。在这种“信仰模式”中，如果有好事发生，那只是巧合，仅此而已。巧合是计划吗？你是个无辜受害者吗？当然不是！当一个朋友说“有信仰”或“恪守信仰”时，他们的真实用意是什么呢？他们是在安慰我们受伤的感情，还是建议我们采取行动？我建议人们做出积极反应，因为这会让他们感觉更好，他们只能这样做。他们对你的情况不太了解，无法真正探查。真正的行动取决于你。

我们可以容忍别人的意见，但我们需要坚守有关信仰与乐观主义的个人真理。我们可以相信别人，相信他们通常会做正确的事情；我们可以相信上帝；我们可以相信一个事业。然而，这就是信仰无法发挥作用的地方；我们无法控制这些事情。坐在板凳上的玩家相信，他们会在其他玩家玩游戏时参与进来，从而实现游戏目标。信仰不是行动。当我们遇到一个错误选择时，需要对自己有信心，并接受这样一个事实：从现在起，这个错误选择产生的长期后果将取决于我们从即刻起采取的行动。我们可以做得更好，或者更糟。我们可以从中吸取教训，也可以今后再次尝试。盲目的信仰是懒惰受害者的惯用方法。

**推卸责任 3：这是上帝的意志**

这可能会引起一些人的注意，但我看到人们过于频繁地试图逃避。我不打算在这一说法中采取宗教立场。相反，我认为，遇到错误选择的结果时，“上帝的意志”的概念会遭到误解和误用。下意识运用“上帝的意志”这一说辞最明显的例子可能是：当一个人年纪太小就死去，一个或更多认识这个死者的人会说“这是上帝的意志”。这种说法使我愤怒，因为他们的话语可以改为：“上帝希望这个人在此时死去。”真的吗？我们难道不应该先看看一些非常错误的选择吗？5 岁的孩子要跑到街上去；45 岁的人希望体重达到 300 磅，高胆固醇；史蒂夫·欧文（Steve Irwin）决定面对危险的野生动物拍照；沃尔特·迪斯尼（Walt Disney）和杰西·欧文斯（Jesse Owens）决定吸烟；吉米·亨德里克斯（Jimi Hendrix）、玛丽莲·梦露（Marlin Monroe）和希思·莱杰（Heath Ledger）决定吸毒，等等。换句话说，当《圣经新约》（*New Testament*）所描述的大部分内容都是上帝对我们的大爱时，上帝不太可能花费精力让你做出错误选择。因此，是错误的选择导致了不利后果，而不是上帝的意志。

《圣经》（*Bible*）记载了上帝意志的概念，并从不同角度阐述了上帝在生活中为我们其余的人提供了多少自由意志。《约翰福音》（*John*）中引用耶稣的话说："我把生命舍去，好把它再取回来。没有人把它从我身上取走，但我是主动舍去的。我有权舍去它，我有权把它再取回来。"在《圣经》中，我们可以看到我们每个人都有自由意志，不管我们是否选择罪孽（是否遵守上帝十诫），是否追随神，等等。在这个世界上"发达繁荣"，一部分原因是我们人类充分利用上帝赋予我们的一切，包括用于学习以及做出正确选择的伟大心灵。当你做出最初的选择时，把结果归于上帝是一种逃避。当你将好结果的荣耀归于上帝时，也是如此。

如果我们因为自己做出的有效选择取得了好结果而要感谢上帝，就应该感谢上帝使我们有能力做出有效选择，帮助我们获得有效选择所需的各种条件（而不是选择本身）。选择是自己做出的，即使方便的话，我们也不能将选择推到别处。**选择，就是处在行动中的自由意志。**

当你比他们更理智的时候，人们总是称之为幸运。

——安妮·泰勒（Anne Tyler）

### 推卸责任4："只是运气不好"

如果你把车开到下一个便利站，买一张电动球彩票……中彩了……你会称之为"好运"吗？如果你回到高速公路上，跟在一辆大卡车后面开车。从车上扔下一块石头砸碎了你的挡风玻璃，你会称之为“运气不好”吗？什么是运气？“幸运女神”是“机遇”的别称吗？是的，没错。幸运是离你最近的宇宙的随机性，以完全随机的方式开展行动，做出反应。你既不能创造好运气，也不能创造坏运气。但是，你可以让自己从随机性中受益（或者被随机性伤害）。通过购买彩票，你可以在难以置信的赔率下获胜。紧跟在大卡车后面近距离驾驶，你很可能使挡风玻璃被一块石头砸中。你把自己放在任何位置，结果都是随机的；结果是基于概率的。

**两种概率对比**

在美国，一年里成为闪电受害者的概率是1/700000。你一生中被击中的概率是1/3000。

相比之下，每张彩票的中奖概率是1/175223510。因此，我们被闪电击中的概率是赢得强力球（Power Ball）彩票头奖的250倍。在我们的一生中，假设我们50年来每个月都买一张强力球彩票，我们被闪电击中的概率是赢得彩票头奖的973倍。

•《星球大战5：帝国反击》（*Star Wars : Episode V : The Empire Strikes*）

C-3PO：先生，成功穿过小行星带的可能性大约是3720：1！

汉索洛：别告诉我概率。

概率不会因我们的需要而改变。在人生“博彩”中，成败的关键，就是我们每个人控制自己的境况。把自己放在犯罪率高的地区，遇到罪犯的“不幸”概率则越高。系好安全带，遇到车祸时你会更幸运。大学毕业后，你会大大增加找到一份好工作的概率。除非你能控制各种因素，否则你无法改变概率。因此，在主要取决于机会（或运气）的问题上，你真正能影响的因素是使你自己处在取胜的最佳位置上。

**在赌场里**

当你坐在拉斯维加斯21点赌桌旁，庄家从牌靴中抽牌时，你根本无法施展这样的手段：更换牌靴中（装有312张牌）的牌，或更换其他玩家拿的牌，或更换庄家拿的牌。这完全是随机的，概率固定。这就是为什么给出过的牌算点是违规的，因为它改变了玩家的赔率。在法律上，你只能控制你对规则和获胜策略的了解程度。有些玩家还更换赌桌！事实是：在任何赌场，游戏的赔率都是针对你的（不到50%）。因此，玩家们明白如果运气好连赢了几回，赶紧离开才能保住收益。否则，你最终全部都要还给赌场！

这与运气好坏有什么关系？你有没有听过有人说“我运气不好”？

运气不好的时候，我们必须明白只有让自己处在有利的位置才能成事。运气好的时候，我们应该让自己处于有利的位置，从机会中获益。应该避免受害于这样的信念：相信运气根本同随机性无关，或者认为我们的一切均与创造运气有关，不涉及使自己置于有利的位置从中受益。

• 你知道吗？

有几项心理学研究结果表明，女性一般将成功归因于走运，而男人则将成功归因于自己有本事。相反，女性将自己的失败归因于没本事，而男性则将自己的失败归因于不走运。

### 推卸责任 5：否认——“这不是真的”

美国总统不止一次向我们展示了否认指控、试图掩盖事实，最后承认错误的愚蠢。几年前做出的一个错误选择可能会暴露出来，一个快速脱身的对策就是加倍拒绝。从大学足球教练到好莱坞明星，再到当地咖啡店的常客，事实真相通常均涉及一个错误选择，他们以否认的态度把结果推到了一个新的低点。虚伪地否认会增加你个人简历中的“无知”或“骗子”的条目。在商界，我经常看到企业主在财务上一直否认他们的业务状况，他们不相信自己的债权人正在以一分钱换一美元的价格清算业务。**无知是一种选择。**人们要么不知道（无知），要么知道却拒绝承认（否认）错误选择的结果。拒绝只是暂时的，我们最终谁都无法回避现实。

### 推卸责任 6：迁就——“我努力不够”

在我早年从事管理工作的时期，当我掌握的证据表明某些雇员表现欠佳时，我会加倍付出努力。我经常花更多时间同他们在一起，苦口婆心地说明需要做什么，调整他们的工作规范以适应他们的怪癖习性，采取任何必要措施让他们“工作正常”。就这样，我付出了更多的时间、资金与机会成本，到头来结果都一样：他们还是离开了公司。我们在约会关系和婚姻中也会这样做。迁就过后，使我们感到又重新缓和巩固了关系，因为我们相信，关系出了问题一定是因为我们缺乏努力或理解。这种信念通常是错误的，从根本上就存在缺陷。迁就太难维持，一旦停止艰苦的努力，真正的结果就会再次出现。为了重温这种感觉，想一想你最后放弃的个人关系或工作关系，煞费苦心也难以维系。迁就，耗费人的精力，无法维持长久。

**个人测试**

你最倾向于以哪种形式推卸责任？

## 错误二：为沉没成本辩护

这个错误有点像“随船沉没”，因为你是一艘著名的海军船只的倔强船长。在第二次选择中常见的失败是：考虑到目前为止付出的努力和投资，并且哀叹“我在这方面工作了这么久”“我投入了这么多”或者“我已经走得太远了，现在不能放弃了”。一个日常的事例是，已经开了10年的车性能可靠，但你最近却不得不花很多钱修理，现在需要另一次大修。

不应该总是考虑到目前为止你在汽车上花了多少钱。这就是“沉没成本”——对现在的选择无关紧要。你花了多少钱，或者拥有这辆车有多久，也无关紧要。应该考虑的问题是通过最近一次维修，通过另外采取的措施，你在今后能够使这辆车保值多少。如果汽车的现值固定不变并且小于或等于这次最近维修的成本，你知道这就是一个错误选择。另一个常见的事例是，两个人在约会关系中一个开心，另一个不开心（“这不会有什么结果”）。不开心的一方在等待对方有所改变、拿定主意、做出承诺，或者获得成功。但是这一切并没有在他们生命的时钟滴答作响的时候成为现实。然而，不但没有采取行动，“我们已经约会很久了”这种情绪扰乱了不开心一方的判断，因为他或她正在为沉没成本辩护。不要因为考虑到你以前的投入而改变方向。最重要的是，面对着这条道路的各个岔路口，你做出的哪一种选择会使你在继续前进时能够受益。

## 个人测试

我当前在为沉没成本辩护，而且还要坚持下去，尽管我知道不应该这样做，这是一种什么情况？

## 错误三：违心妥协

另一种有害的推卸责任举措就是违心妥协。我们接受的教育要求我们终生都要妥协，父母也谆谆教导教我们“解决问题”或“妥协”，以消除我们和他人之间的分歧。然而，当妥协涉及接受那些我们先前认为不可接受的事物时，则大错特错了。我们的判断在有可能妥协的时刻受到干扰，我们不应该重新评估我们先前的选择，这就像冰淇淋摆在你面前时重新思考你的饮食方案一样。此类妥协对你不利。修改我们将要接受的内容，以使结果符合我们的需要，这是一种既诱人又方便的做法。你能想象在买礼服鞋时在鞋的尺寸上做出让步吗？只要你穿上那双鞋，一码之差就能给你带来很多痛苦。如果你接受了不该接受的东西，其结果也会有损你的未来。过后清醒过来时，你感到遗憾不已。

**一位父亲的建议**

我朋友的父亲是一位行为心理学家，他给我朋友提出这样的建议：

对于任何重要的事情，列出你想要的结果，然后列出你不想要的结果。你不会得到你想要的一切，也不要勉强接受你不想要的任何结果。

“服务员，我的汤里有只苍蝇！”

“没关系，先生，不会多收钱！”

你能接受汤里的苍蝇吗？当我们还没有准备好应对我们不接受的结果清单时，很容易受到这个错误的影响（见上面的父亲的建议）。在我们生活中的重要方面，默默容忍不可接受的因素是一种困境。必须意识到我们绝对不想要的结果。例如：

"我不想在家乡附近上大学。"
"我不能在同一个地方度过我的整个成年时期。"
"我不能嫁给一个矮个子男人。"
"我不愿意和烟民约会。"
"我不想成为一个超重的人，也不想同超重的人结婚。"
"我不接受欠债。"
"我不会接受在室内或办公桌旁工作的职业。"
"我不会嫁给一个不想要孩子的人。"
"我不想总是担心我的经济状况。"

我们不应该妥协，勉强接受那些难以接受的结果。明天你会为今天的坚强不屈心存感激。

## 个人练习 8
## 我不可能接受的结果

想想你在不久的将来或长远的未来想要得到什么结果。列出你不想要的结果清单，哪些是你不可接受的结果？

在做这个重要的练习时，请亲手写出答案。也许要另用一张纸来记录你的想法。

## 错误四：梳理目标

对于一个错误选择，最令人遗憾、最不明智的反应莫过于“梳理目标”。当我们调整目标以适应环境或当前结果时，我们就会失败。

“反正我也不想要那份工作。”

“我真的不需要去看巴黎。”

“婚姻与孩子对我来说并不需要。”

“我不必获得那种特殊的学位。”

“我想我永远不会健康或瘦下来。”

“拥有一所房子的重要性被高估了。”

“我可以偶尔去一次，而不是迁往我心仪的城市。”

“我一直想要一辆黑色的多功能运动车，但经销商只有蓝色的。我想我也喜欢蓝色车。”

重申我们的目标，以减轻当前失败的痛苦，这是一种自我安慰。我们需要在梳理目标的时候把握好自己，安静地停下来让痛苦消退，而不是消极地进一步指导自己。重申目标是不明智的想法。减少目标是永久性的措施矫正行为，也意味着生活回报的减少。

### 个人测试
### 我梳理过的目标

我考虑的最后一个目标是什么？我做出怎样的反应？

在做这个重要的练习时，请亲手写出答案。也许要另用一张纸记录你的想法。

## 二次选择方案1：速败速决

不要推卸责任、捍卫沉没成本，也不要被动妥协、梳理目标。最好的办法是：速败速决，不要试图去解决它，应该继续前进。你有所需的全部证据，可采取迅速行动（这不同于匆忙做出第一个选择的错误）。这是第二个（应对）选择，关系到如何处理这次具体的失败。到了处理失败结果的时候，就应快刀斩乱麻，不要拖沓。否则，将会延长痛苦，还要付出机会成本（做不了你本可以做的事情，见不到你本可以遇到的人）。当我们从过去的选择中获得足够的失败证据时，应立刻采取行动。第二个有效选择是速败速决。这不可能来得很自然，因为失败已被贴上了可怕的标签。恰恰相反！更可怕的是让失败变得更严重，而且需要更长的时间。为了达到速败速决的目的，我们不会犯前面提到的那些错误，因为那样做浪费时间，使我们推卸责任，分散注意力，无法获得我们真正需要的结果：结论与重新开始。

速败速决不是放弃，这样做可以停止增加不良投资。

——佚名

你是否推迟过失败，但结果还是一样？有什么区别？白白付出了时间、努力和情感。生活中比如：

- 知道不行，还不罢手。
- 有报价时也不出售。
- 知道没有发展，也不辞职。
- 尽管资金紧张，还继续购买。
- 项目明显不会产生良好结果，也不停下来。
- 对邀请你的人不感兴趣，仍然不谢绝。

速败速决时，将内疚与担心变成一种满足感，因为你得出了结论，可以继续前进了。

## 个人练习 9
## 我有维持失败局面吗

在本应该速败速决、轻装上阵、积极奋进时，我却一直通过以上错误做法维持过什么样的失败局面呢？

在做这个重要的练习时，请亲手写出答案。也许要另用一张纸来记录你的想法。

## 二次选择方案 2：应急措施

应对速败速决的唯一选择是应急措施。然而，应急措施有一个特定要求，不然便不能作为备选方案：应急措施必须从根本上改变局面，改变条件，或者重新处理交易。应急措施不能是更加努力、重新投入，也不是依靠良好的意图或承诺；它不是妥协，而是对原有失败的实际调整。我们在冬天醒来时发现房里寒冷，应急措施就是调整恒温器，开始供热；天开始下雨时，应急措施就是躲进室内；当我们对自己的团队感到不满意时，应急措施就是更换团队领导，或者离开团队；无法完成工作时，应把工作分配给别人。

### 可以一直采取的应急措施举例

- 订立带有不同条款的新合同、新协议，包括如何衡量成功，如何证明承诺，包括新制订的价格，纾困与终止条款。
- 改变你的职责、应付出的努力与责任。
- 得到帮助。从某人那里得到坚定的介入承诺，使形势变得更好。
- 添加资源。赚更多的钱，创造更多的时间，奉献空间。

要记住：希望与善意不是行动。要么速败速决，要么采取应急措施，继续前进。

作为一次简要回顾，我们对选择失败做出的反应在通过三种有帮助的方法限制损失上具有重要意义：

1. 控制头脑中的思想混乱，认清我们何时思维不清晰。
2. 避免犯推卸责任、捍卫沉没成本、违心妥协与梳理目标等错误。
3. 做出第二个可靠选择，尽量减少近期损失与长期影响，继续前进。要么速败速决，要么采取应急措施。

## 个人练习 10
## 速败速决或应急措施

在我的头脑中，什么是最需要速败速决或采取应急措施的失败，以使我能够奋力前进？

在做这项重要的练习时，请亲手写出答案。也许要另用一张纸来记录你的想法。

## 从失败中学习

对于选择中的失败，我们最应该做的事情是理解我们如何使自己处在了失败的境地。我们是否了解所需的细节？是否提出过错误看法？我们会重蹈覆辙吗？我在做选择的时候是个拙劣决策者吗？我们不能完美无缺地判断人、判断想法或者判断其他任何一种选择。因此，只有触及失败的原因，才能透彻地分析失败。不忘失败，这要求我们对最初的选择负责。学会自己与别人都熟悉的模式，我们可以积累智慧。

如果我们能对一个错误选择进行严格剖析，并查明失败的原因和方式，下一次我们就能够识别这一模式，看出相同的破坏规律，从而增强我们的选择能力。随着时间推移，你会了解自己的倾向，比如：

"当我感到压力时，就会做出最坏的选择。"

"我不能做出伟人的选择。我被希望蒙蔽了双眼。"

"我绝不应该亲自购买昂贵的物品。"

"我往往做出过多承诺，因为我不能拒绝别人。"

"因为我想行动起来，所以经常匆忙做出选择。现在我必须放慢速度。"

"我做出的选择通常包括以我无法兑现的良好意愿说明选择是正确的。"

"我在做选择时往往过于相信别人，所以经常感到失望。"

"我对于理想浪漫关系的追求最终影响了我的思想。"

## 个人练习 11
## 重大失败

过去我在选择上遭到的重大失败的根源是什么？在做这个重要的练习时，请亲手写下答案。也许要另用一张纸来记录你的想法。

- 我从中对自己有了哪些了解？

# 12
# Chapter

# 调整选择过程 = 开启人生新局面

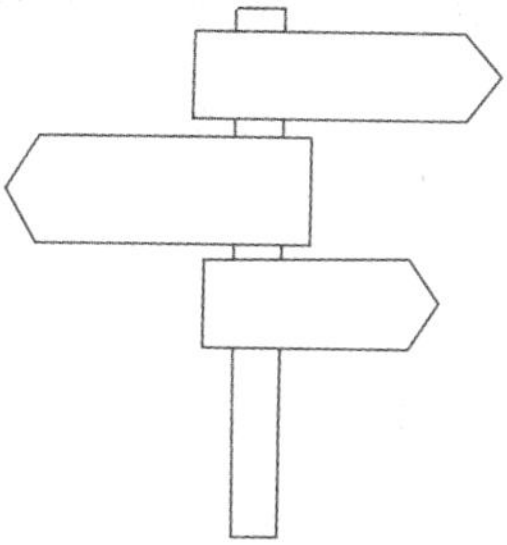

我的观点是，生活要讲究平衡。好与坏的平衡，高与低的平衡，就连配制果汁朗姆冰酒也要讲究配料数量的平衡。

——艾伦·德杰尼尔斯（Ellen Degeneres）

当你把所有这些见解付诸实践时，你的生活会是什么样呢？你现在有一个很大的优势。到目前为止，我们在本书中倾注的所有努力均强调了选择在我们生活结果中的重要性，我们作为选择者经常有缺陷，也强调了识别错误选择的重要性。

我们不是简单地接受出现的情况，也不是降低自己的生活目标，而是有能力调整自己的选择过程，创造新的回报，生活得更加快乐。

你在闯荡世界时比以往任何时候都准备得更加充分。让我们现在就开始吧。

## 拥有选择优势：增添人生亮点

让我们在想象中快速向前奔，使你提前思考自己的未来。不管你现在年龄有多大，在生命的最后阶段，你都有许多值得回味的事情，也取得了不少成绩。想象一下你仿佛看电影一样正在回顾一生中的精彩片段，观看着自己最喜欢的时光场景，回顾你的旅行踪迹、你的人生里程碑、你做出的贡献、你结识的各种人物。这是你一直想要的全部人生亮点吗？或者只是你想要的一部分亮点？

从即刻起，你做出的所有选择，将会增加或消除你此前的各种人生亮点。

那么你的整个人生经历会是什么样的呢？好比你是司机，而你做出的选择则好比是高速公路的入口匝道和出口匝道。本书中讲解的各种方法，连同你的坚定决心一起，能使你赢得你所渴望的人生精彩亮点。这不是能否的问题，这只是时间的问题。

## 撤销无效选择：终止与逆转

既然我们已经下定决心，正在展望自己最终想要的结果，那就要为自己的过去与现在而加倍努力。我们不能仅凭思考就改变局面，必须采取行动。然而，你的灵活性也许有限，你可能会受到此前选择的束缚，无法按着自己的方式前进。回想你的遗憾清单，考虑你现在的自由……你是否应该终止并撤销以前做出的一些选择呢？

以下所言可以帮助你考虑这个重要问题，使你以别人的眼光审视自己的生活，而且诚恳得几乎残酷。

从头开始可能是世界上最可怕的事情，无论是离开爱人、学校、团队、朋友，还是离开其他让我们感觉同自己的身份密切相关的人或事。但是当你的直觉告诉你这里的情况不对劲，或者感觉不安全时，我真的希望你能够倾听并相信这个声音。

——詹妮弗·伊丽莎白（Jennifer Elizabeth）

《生来就有准备：放飞你内心的梦想女孩》

（*Born Ready : Unleash Your Inner Dream Girl*）

## 个人练习 12
## 终止清单

在做这一重要的练习时，请亲手写出答案。也许要另用一张纸来记录你的想法。

1. 为了实现梦想，我需要终止这些关系：

2. 为了实现梦想，我需要摆脱那些用很多钱来维系的事情：

3. 为了实现梦想，我需要少与这些人来往：

4. 为了实现梦想，我需要终止这些承诺与义务：

5. 为了实现梦想，我需要停止这些毫无意义的活动：

6. 为了实现梦想，我需要停止这样对待自己的健康与身体：

7. 为了实现梦想，我需要远离这些地方：

8. 为了实现梦想，我需要停止思考这些事情：

9. 为了实现梦想，我不再需要担心这些事情：

10. 从上面我做出的全部回答来看，如果我要立即完成一个任务，那么完成这项任务将对我的生活产生最大影响：

## 个人练习 13
## 逆转清单

在做这一重要的练习时，请亲手写出答案。也许要另用一张纸来记录你的想法。

1. 为了实现梦想，我需要开始建立这些关系：

2. 为了实现梦想，我需要在以下领域投入一些资金：

3. 为了实现梦想，我需要更多地与这些人取得联系（即使目前还不认识他们）：

4. 为了实现梦想，我需要开始兑现这些承诺，承担这些义务：

5. 为了实现梦想，我需要将此活动安排到我的日常工作中：

6. 为了实现梦想，我需要开始为我的健康与身体做这些事情：

7. 为了实现梦想，我需要出现在这些地方：

8. 为了实现梦想，我需要开始更多地关注这些：

9. 为了实现梦想，我需要衡量这些方面的进展：

10. 从上面我给出的所有答案来看，如果我要立即完成一个任务的话，完成这项任务将对我的生活产生最大影响：

## 她说／他说

对上述“终止”练习给出的一些最流行的答案包括：

**她说**

- 终止需要同男人“修复”的关系。
- 不再同胸无大志的男人交谈。
- 停止使用脸书。
- 停止吃快餐。
- 终止单方面的友谊。
- 不再感到内疚。
- 不再评判镜子。
- 不再花光我所有的收入。

**他说**

- 不再把钱浪费在我不喜欢的女人身上。

- 不再被告知该做什么。
- 停止使用约会网站。
- 停止吃不健康的饮食。
- 不再从事我讨厌的工作。
- 不再拿自己和别人比较。
- 不再花光我所有的收入。

相比之下，反方向的答案多种多样，因为每个人对于逆转局面需要什么、做什么有不同的想法。但值得注意的是，在终止什么的问题上看法似乎大同小异。

## 恢复有效选择：坚定改变的决心

改变我们的生活是一件敏感的事情。我们也许要和某人分手；我们也需要戒烟，还可能卖掉一辆太贵的车，买一辆自己不喜欢的车；我们可能抛弃朋友，可能去上夜校，而不是出去玩；我们可能每晚步行45分钟，而不是看电视。做出改变是困难的，但我们有决心这样做，对吗？你很快就可以看到从过去的选择中恢复过来的途径，因此你完全有能力使你遇到的下一个选择发挥最大效益。

### 一些建议

- 慢慢来。
- 仔细考虑。
- 优先考虑需要改变的项目，并将其编号，比如1号，2号，3号，等等。
- 为每个需要改变的项目制订计划，练习如何向自己和他人做出解释。为变化产生的影响做好准备，这样你的生活不会变得更混乱。
- 不是每个人都能理解。这是你自己的生活，你才是重中之重。
- 真正的朋友会支持你的决定。
- 考虑如何衡量每个变化带来的差异。

## 如果不知道怎么办

其中一些选择难度很大，我们无法确定应该终止一件事，还是应该逆转局面。也许最大的难题之一就是我们的浪漫关系。重新独自一人，别再浪费时间和那种永远不会带着我们去向往之地的人在一起，这不是更好吗？合适的男人难道就是足够好的男人（就眼前来说）吗？

也许是该诚实的时候了。另一个情况是离开我们现在居住的地方，让新城市和新朋友有机会改善我们的生活。我遇到过很多人，他们后悔自己从来没有去过任何地方，只是觉得在一个地方生活更容易。**也许你没有在可能产生重大积极影响的人和事上把握足够的机会。**

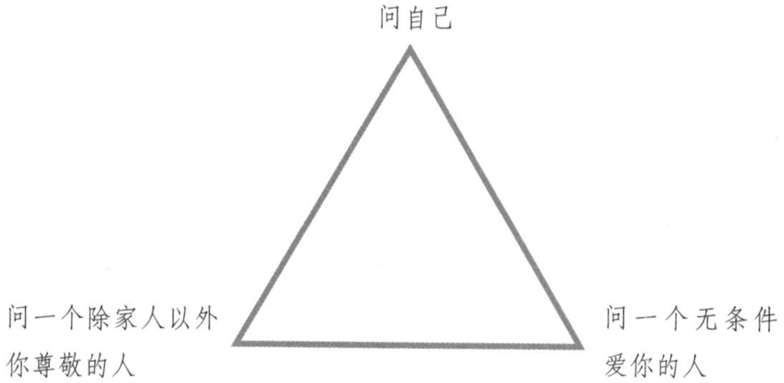


**选择三角形定位**

针对上述任何一个艰难选择，在你思考过后，可以再做一件事：征求别人的意见。在答案中包含三个人，即你本人、无条件爱你的人（如家人一般）和你尊重的人（非家人），由此形成一个选择三角形定位。把这三个视角加起来，你就会像 GPS 信号一样准确地找到一个好的答案。

## 总结你的决心与清理工作

作为你本人崭新未来的重要环节，你今天的承诺就是实现积极的改变。你决心影响自己的命运。这项承诺的一部分包括清理你迄今为止积累的选择负担，“割断束缚你的绳索”。改变是有难度的。然而，你掌握一份很好的清单，上面列出了应该终止什么，应该逆转什么。如果你将清单上的内容付诸实施，我敢保证你的生活将更有可能给你带来新的快乐，因为你看到了自己的梦想正在逐步实现。

# 13
# Chapter

## 选择改变人生 = 享受人生乐趣

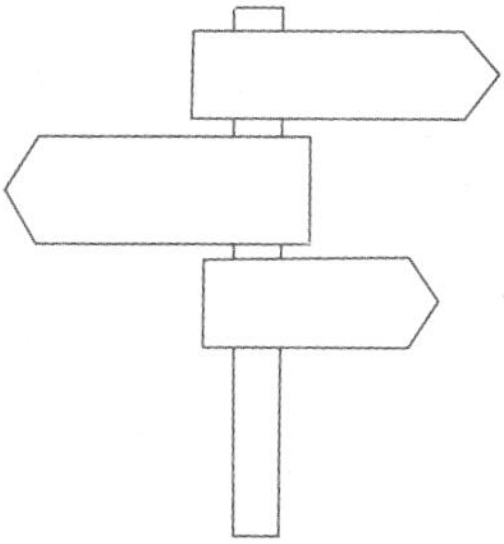

我和家人围坐在大餐桌旁和烹饪区前。这是一家我们最喜欢的日本牛排馆，制作铁板烧菜肴；厨师手握叮当作响的抹刀在热烤架上忙碌着。速度飞快，很有气势……菜肴也美味可口。我点了平时爱喝的札幌啤酒，然后耐心等待。

我的家人占用了5个座位，剩下的5个座位由另一家人占用着。我饶有兴趣地看着厨师，自信本人也是个好厨师。他准备好了工具和许多配料容器，从左到右写下了我们的晚餐订单。当他写下我点的“牛排和虾”时，我突然灵机一动，将其比作写下一个目标。他在桌旁走来走去，一共写下了10个目标。我想，如果他能够妥善处理这10个目标，应该得到不少小费。这似乎很公平。

在我们吃着开胃菜的同时，我看着厨师很快地煮好了我们非常期待的主菜。我注意到他总是将餐具擦洗干净，细心地把配料分开，总是让炉灶的温度与烹饪的食物配合得恰到好处。但最重要的是，他从不将食物烧煳。在眼疾手快、用不同的肉与蔬菜为10个顾客烹饪不同菜肴的忙乱过程中，防止重大事故的一条规则就是永远不要将菜肴烧煳。于是我想到：如果我们是自己生活中的主厨，则不应该用错误的决定来“烧煳”我们的目标，否则我们的目标“尝起来”就不会有我们想要的菜肴味道。

## 发现乐趣：创造性对待选择

“这样的选择方式让生活变得没有乐趣！”你的潜意识可能会对你大喊大叫。这是一种非常自然的感觉，因为我们人类不想一直这么努力地思考，我们喜欢无忧无虑的乐趣。我思考过这一点，提出了这样一个问题：成功的选择者如何能够在关注更大时刻的同时，享受快乐，流露出率性天真的情怀？当我思考着在飞机上坐在我旁边的一位女士那一头亮紫色秀发时，我得到了答案。我们不必对每件事都那么认真。

还记得这个图表吗？

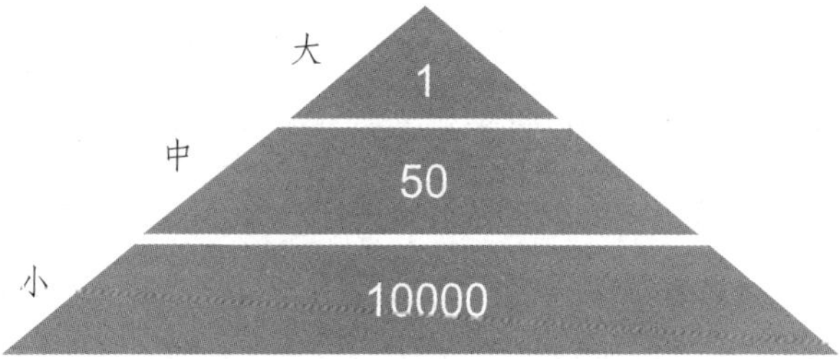


**每年做出的选择数量**

Chapter 3 讨论了选择的大小，该图显示了近似频率。重大选择对我们的生活影响最大，中等选择对我们生活的过程调整有很大影响，而小的选择则需要大量的时间和精力，但每一个都不重要。

我们可以在选择上找到乐趣，以更加无忧无虑、富有创造性与率性自发的行为对待我们每天做出的各种小选择。机会太多了！穿什么衣服，做什么饭菜，吃什么饭菜，给谁打电话，在哪里喝咖啡，星期五晚上看什么电影……所有这些都要开心才是。当我们开心地对待小选择的时候，并不会产生可怕的长期结果，我们可以将选择看作有趣的实验。如果你想要紫色的头发，为了开心可以染成紫色（不是在面试之前）。我已经学会以这样的态度养育孩子。对于我的第一个孩子来说，每个选择都显得很重要。有了第二个孩子后，我学会了不为小事情操心。当我女儿想要扎耳洞时，我想到了大、中、小三种选择。

第二次扎耳洞是一个小选择，因为她十几岁时就已经扎过耳洞了（当时是个中等的选择）。文身，在生活中的任何时候都是中等选择！她在高中三、四年级时学习的课程都是中等水平的，因为这些课程决定着她进入大学的资格。她申请上什么大学是一个重大选择。她在周末穿什么，看什么电影，或者在头发上加什么颜色，这些都是小选择。作为家长，我不会为这些小选择操心。当她把一个男孩带回家时，我想我仍然需要坚持这个原则……我希望自己准备好了。

## 拆开礼物：及时调整人生

一路走来，你能送给自己的最大礼物就是保证以最好的方式走进自己的生活，从中得到你想要的结果。可靠的保证让我们感觉更好，它就像是兼有恭维与确认的意味。找时间重读本书中的一些要点，回顾一下你最近的人生观以及你做出的选择。如果你偏离了某些规矩，那就重新开始吧。如果你的主要目标需要回顾，或者你需要审视一些需要终止与逆转的事情，不妨重新翻看一下本书。

没错，我们每个人都会在人生道路上的某个地方把事情搞砸。我们可以依靠它。然而，其他人可能在阻碍我们进步的方面发挥更大的作用。要知道你只能开自己的车，你无法控制路上的所有其他司机。就像我们上下班或上学通勤一样，心里知道该往哪里去。不管其他人（路上的疯狂司机）会做什么，我们必须有很强的适应能力，集中注意力，坚定地奔向前方目的地。

## 应对后悔：可终止的遗憾

在我们坚韧不拔的前进道路上，错误的选择肯定会伤及我们；这些错误的决定最终会使我们后悔，因为我们的选择经确认是错误的。对你来说，更合理的做法是在出现令人遗憾的情况时迅速加以处理。你可以这样做，因为你知道为什么会出现这种情况，也知道如何防止这种情况继续下去。

“好吧，所以因为过去的决定我感到遗憾。”

“我（当时）所做的选择是错误的，因为……”

“我原谅自己。它好比桥下的流水，我现在无法改变它。”

“我不会把这份遗憾当作负担。我已经从中吸取了教训，正在继续前进。”

## 成功瀑布：终生遵循的成功模式

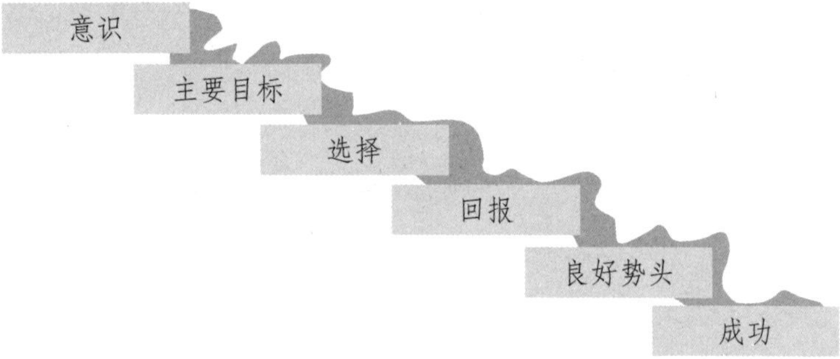


**成功**：位于瀑布示意图的尽头。让我们从顶端开始回顾。本书阐述的每一个基本要素都是瀑布示意图中的一个阶段，它以我们期望的方式向下奔流，将成功倾泻在我们的头上。

**意识**：保持对所有选择的意识是一个很好的开端。谨慎处理重大选择，比我们能做的任何事情都更能影响我们的生活。我们需要了解以下这些选择类别具有的巨大影响力：

- 教育。
- 选择谁作为终身伴侣以及选择时间。
- 生儿育女以及确切时间。

- 我们的社交圈。
- 旅行与生活地点。
- 导师与职业选择。
- 债务与杠杆。
- 健康与生活方式。
- 爱好与活动。
- 终身的好奇心。
- 业务合作伙伴。

我们每年都会做出一个重大选择，所以很少有机会对你的生活产生积极或消极的影响。我们不再练习这些内容，所以必须做好准备。

**主要目标**：我们学会设定目标，并区分哪些目标是主要目标。然后，我们将重点放在选择过程中的最高目标上。我们总是牢记我们不会接受的东西。

**选择**：我们的主要选择与主要目标交叉重叠。它们影响着我们生活中的重要事件，对此我们必须要有清醒认识，花时间以正确的心态做出有效选择。

**回报**：从生活中获得我们想要的全部结果的能力，来自于重要选择的回报，闲暇时间、健康、金钱、自由与良好势头，这些回报感觉棒极了，就像双脚踩在沙滩上，阳光照在脸上，手里拿着一杯椰林飘香鸡尾酒一样。负面回报则带来痛苦：焦虑、遗憾与不良后果，这好比把风暴云和鲨鱼带进了你的海滨体验中。

**良好势头**：连续的好选择加速实现我们的目标，因为我们在连续发力的时候势头会越来越猛。良好势头帮助我们加快速度，减少时间和精力的浪费。

**成功**：这就是你想要的结果。对你生活中的每个重要领域而言，成功的意义都是不同的。你想结婚吗？想住在大城市吗？想去环游世界吗？想出国留学吗？想开始做生意吗？想有一个家庭或两只黄金猎犬吗？成功含义由你来决定。

如果我们按正确的顺序来做这些事情，自然会获得成功。而当我们忽视其中一个环节时，事情就会偏离正轨。例如，**未能确定主要目标，就会逐渐出现你不想要的结果。**在脑海中浮现出一幅成功模式瀑布图像，这有助于你想象一个可以终生遵循的成功过程。

## 明智选择：加快取得成功的步伐

在人生道路的岔口处，你做出明智的选择。你已经放弃了反复尝试的常见选择方法。这种不可靠的方法已被更精确的个人工具包所取代。你在人生计划中比以前更加轻松无虑，主要原因有两个：（1）你现在明白了不同类型选择的区别与优点，并且把精力主要集中在最有影响力的选择上；(2) 有了这样的重点目标，再通过最有影响的选择取得更佳结果，你就会在生活中加快取得喜人结果的步伐。

你的人际关系更好，更易被人理解；你的收入来源更茂盛，工作成就将以新的效率为众人所瞩目。当选择出现时，你不会感到焦虑。你自信地朝着目标走去，磨炼自己慧眼选优的本领。你获得的结果包括各种可以衡量的因素：节省的时间，减少的压力，更多的快乐，更多的动力，更多实现的目标，更多的收入，自我意识增强，对未来更有一种积极掌控的欲望。你更加大胆地闯荡世界，不那么优柔寡断，承担的更多，选择的更多，也获得更多回报。

这就是你充满自信的崭新面貌。你下定决心阅读本书，这将为你的未来创造不可思议的回报。尽可能同一位好友分享你从书中学到的本领。

## 现在的你：面对选择胸有成竹

这对你来说是一个激动人心的时刻。明天你会做出不同的选择。下周你很可能会做出不同的选择。下个月，你肯定会做出不同的选择。你准备好了。通过阅读本书，你比 99% 的人拥有更多的选择知识，你可以用它来创造你想要的生活。

具有挑战与积极主动意味着，把你的生活想象成由你做出的一系列选择，这些选择最终会影响生活的结局。分阶段或分章节思考人生是一个很好的审视视角。在这种模式下，我们可以问自己：“我希望这一章该怎样写？”像任何优秀的作家一样，我们在构写每一章内容时心里均想着整本书的结尾。

应该由你将故事继续写下去。从今天起，你就是你本人亲身经历的篇章作者。我为你感到异常兴奋，今天你可以重新开始。我在写下本书每一个字的时候，都在想着你，最终想着你在此刻的感受。我知道你可以运用从本书中学到的本领帮助自己，也帮助他人。祝你生活万事如意。请记住，成功对你来说是个人概念。成功是你想要的任何结果，你不必模仿别人。先为自己高兴，你周围的人也会更快乐。要相信你自己与你的新选择工具，为你想要的结果创造前进动力。你已经演绎过选择改变人生的故事。当你注意到一个选择即将来临时，就会微笑着告诉自己：“我胸有成竹！”

# 致 谢

对生活中我所感激的人进行详细核查，是我的一项最重要的集中整合活动。我对这些热心人的感激之情远非笔墨篇幅所能表达，带有一种永恒的精神意味与饱满活力。

首先，我欣然感谢可爱又有才华的妻子艾米（Amy），同她喜结连理在很多方面都是我做出的最佳选择。我渴望这种感觉是心心相印的！25年间创业几经沉浮周折，疯狂的想法层出不穷，10个项目始终还在经营，无一完成，而她却以微笑与理解挺过了这一切。我敢肯定，我们之所以能够很好地养育子女，同时兼顾工作职责，都是因为她能够不辞辛劳地全面操持、充实着我们的幸福生活。艾米证明了这样一个道理：一个贤内助式的生活伴侣可以让任何作家、艺术家或企业家从事自由创造，达到更高的境界。我也要努力为她做出同样的奉献。

我的孩子们在这里获得认可的原因有很多，最肯定的是，他们就是本书的重要写作素材来源。虽然我能记得自己年轻时面对的许多选择，但我的孩子们使这方面的观点现代化了。孩子们，到目前为止你们已经做出了明智选择。要相信你们的直觉，因为直觉是非常准确的。你们知道，作为父亲，我是一个具有自由精神的人，总是时刻准备着“拨乱反正”。感谢你们没有随意表示出不耐烦的态度！你们每个人都拥有美丽的心灵，我感谢你们教会我如何理解耐心、谦逊、不确定因素与无条件的爱。当我听到你们提出有关世界与生活状况的深刻问题，同时还向他人展现出一颗温暖的心时，我感到非常骄傲。

我每年都会找到一个不同理由来感谢我的父母，因为当我不断深入理解智慧的内涵时，越发明白他们的支持和忠诚是如何始终如一、坚定不移，即使他们不同意我的观点或不理解我的逻辑推理。我很钦佩他们一生取得的不显山不露水，但却非常重要的各种成就。妈妈和爸爸，值得称赞的是，你们已经成功地使我和弟弟树立起力争上游、努力奋斗的职业道德。退休后，你们继续挑战自己，不断学习并尝试新的事物，对此我感到尤为钦佩。

亲爱的弟弟，我想对你说我很佩服你。我们的父母再不可能养育出比起你和我有更大差异的孩子，这种差异对我来说很有价值。我是你的粉丝，我认为你的作为是无可限量的。你给予的支持、你提出的深刻问题，对我来说具有独一无二的宝贵意义。

思关有限责任公司（IDEA Gateway）的团队非常支持我的努力。我们把想法变成了生意，这很有难度，就像一个棒球击球手挥杆很用力，但决不想三击不中出局。当最初的努力展现出我们的劳动成果时，既有风险，又有技巧，非常美好。创意精神令人陶醉，我非常欣赏这个集体。

导师在我的生活中发挥了巨大作用，我告诉我的孩子，导师是我们人生旅途中值得拥有的关系之一。我真诚地感谢如下各位导师：感谢威廉（比尔）·威策尔 [William（Bill）Weitzel] 博士，他教会我在渴望改变时，用一种可以预见的人性化方式看待各家组织与联盟；感谢理查德（迪克）泰里奥 [Richard（Dick）Theriault]，他是我早期的职业生涯顾问，具有著名橄榄球教练比尔·帕切尔斯的（Bill Parcells）风格，带着一种会心的微笑和坚毅的爱，为我展示了一种幸福的生活；感谢罗伯特（鲍勃）威廉姆斯 [Robert（Bob）Williams]，他是我的第一位金融学教授，也是注册会计师与顾问。他很早就知道我喜欢同时追逐多只兔子，但是他鼓励我集中注意力抓住一只兔子。

本书所做的研究工作集中在采访不同的人物上，以了解生活不同阶段的选择与环境。我要感谢的著名收藏家与撰稿人包括：特蕾西·莱蒙（Tracie Laymon）（好莱坞作家兼导演），丹尼斯·泽德里克（Dennis Zedrick）（企业家大师），尼奇·艾奇利（Nicci Atchley）（社交媒体超级影响力人物）和她的父亲蒙蒂·艾奇利博士（Monty Atchley），凯利·坎普（Kelle Kamp）（中年再创业专家），特蕾西·特里（Tracy Terry）（超级单亲妈妈），以及我曾经就人生选择向他们提出很多问题的任何热心人士。

我要感谢绿叶图书出版集团（Greenleaf Book Group）那些才华横溢的员工们，他们为第一次出书的作者提供了巨大支持。此外，我还要感谢最优秀、最执着的图书编辑克里斯·本格

（Chris Benguhe）。谢谢你，克里斯，你总是提醒我清楚地回答这一问题：“这本书写的是什么内容？”选择绿叶图书出版集团与克里斯·本格先生，是我做出的一个重大选择。

# 作者简介

迈克·惠特克终生经商，是一位成功的企业家，也是个人职业选择规划方面的导师，在有关未来的批评思维方面颇有发言权，眼光独到，有效提供世界级的解决方案，帮助人们实现自己的各种目标。

惠特克是思关（Idea Gateway）公司的创始人，该公司的业务包括创办新业务，为企业家们提供专业知识与资本。他还是达拉斯州技术促进公司（RevTech）的创始人。并且他在 1995 年创办了专门生产数据产品的卢卡斯色卡公司（Lucas Color Card）。

惠特克做出的所有这些努力，使他站在了商业、技术和美国工人变化的前沿。

他一向热心帮助那些积极进取的人士，为他们提供有效工具。为此，他创立了两个相关平台：The Idea Filter （创意过滤器）与 Institute for Self-Reliance （自助论坛）。前者在线评估各种创意，帮助企业家们甄选出有价值的各种创意，后者为那些想在不稳定的经济形势下把握自己的未来与职业发展的美国员工提供相应的在线资源。

惠特克从堪萨斯大学获得认知心理学学士学位，从俄克拉荷马大学普莱斯商学院获得工商管理硕士学位。

惠特克早已结婚，现有三个孩子，他们也已踏上探索发现自己的追求、激情、目标与成功之路的历程。这些追求、激情包括家庭平衡发展，企业家精神与帮助别人实现他们的梦想。此外惠特克还积极参与很有竞争性的飞靶活动，这是他自己选择的一项体育爱好。